全 民 阅 读 · 经 典 小 丛 书

财富的密码

冯慧娟◎编

吉林出版集团股份有限公司

图书在版编目（CIP）数据

　　财富的密码 / 冯慧娟编 . — 长春：吉林出版集团
股份有限公司, 2017.3（2025.5重印）
　　（全民阅读. 经典小丛书）
　　ISBN 978-7-5581-0991-1

　　Ⅰ . ①财… Ⅱ . ①冯… Ⅲ . ①财务管理 – 通俗读物
Ⅳ . ①TS976.15–49

　　中国版本图书馆 CIP 数据核字 (2016) 第 307249 号

CAIFU DE MIMA

财富的密码

冯慧娟　编

出版策划： 崔文辉
选题策划： 冯子龙
责任编辑： 于媛媛
排　　版： 新华智品
出　　版： 吉林出版集团股份有限公司
　　　　　　（长春市福祉大路 5788 号，邮政编码：130118）
发　　行： 吉林出版集团译文图书经营有限公司
　　　　　　（http://shop34896900.taobao.com）
电　　话： 总编办 0431-81629909　　营销部 0431-81629880 / 81629881
印　　刷： 北京一鑫印务有限责任公司
开　　本： 640mm × 940mm 1/16
印　　张： 10
字　　数： 130 千字
版　　次： 2017 年 3 月第 1 版
印　　次： 2025 年 5 月第 4 次印刷
书　　号： ISBN 978-7-5581-0991-1
定　　价： 45.00 元

印装错误请与承印厂联系　电话：010-61424266

前言
FOREWORD

"金钱不是万能的，但没有钱是万万不能的。"这句话道出了金钱在一个人的生活中的地位，也在一定程度上反映了人们想成为富翁的强烈渴望。

每个人都想成为富翁，但并不是每个人都能够如愿，这到底是因为什么呢？为什么有些人能够积累大量财富呢？

究其原因，不过是因为每个人对待生活的思路不同罢了。比如，有的人从不相信命中注定，而是深信自己可以创造生活；他们坚定地走向富有，而不只是想富有；他们关注机会，而不是关注障碍；他们喜欢联合成功者，而不是与消极者在一起；他们关注自己的净值，而不是关注自己的工作收入；他们考虑如何实现双赢，而不是非胜即负；他们让金钱为自己工作，而不是为金钱而工作……正是这些思想，让一部分拥有理财观念的人积累了大量财富。

一滴水深藏着大海的光芒，一个故事蕴含着

无限的智慧。每个人都应该多学习一下本书中的成功人士，从他们的事迹中找到致富的方法，牢记他们的思想。如果你能把这种思维变成自己的思考方式，也像书中的成功人士一样去考虑问题，并且为此不懈奋斗，相信有一天你一定会成为他们！

目录
CONTENTS

财富的密码

目录
CONTENTS

财富的密码

第一篇

教育：教孩子做个好雇员，还是当个好老板

受教育为找工作，
还是为获得"知本"

普通人："上学为了工作，务实比较好。"

有理财观念的人："学习获得知识，知识创造财富！"

你为什么而学习？

对于这个问题，如果你的答案是"为了找份好工作"，那么你很可能只是找到一份工作，成为一个名副其实的普通人；而如果你的答案是"为了获得更多的'知本'"，那么恭喜你，你具有有理财观念的人的思维了。

这么说绝不言过其实。通过仔细观察，你会发现，越是有钱人越是乐意花时间去学习，去接受新知识、新思维。有一位企业家，尽管身价早已过亿，但他依然坚持每周去商学院进修。

有人问他："你已经是个有理财观念的人了，为什么还要到学校里去接受教育？"他回答："学校往往是新技术、新思维最活跃和领先的地方，只有获得这些全新的视角和知识，才能抢占先机，在商业竞争中不被轻易打败。如果不思进取，原地踏步，就等于把商业上的主动权拱手让给别人，结果必然会走向失败。"

为什么大部分人是普通人，而只有很少的一些人成为像这位企业家一样的有钱人？企业家的话让我们找到了一个答案——"知本"是有理财观念的人所追求的。有理财观念的人们认为学习是件大事情，关系到自己的财富之路；相反，普通人更追求"学历"，因为他们只是想找份工作罢了，只是为自己的"务实"而准备。

这种意识上的差异决定了人们行为上的差异。所以，你会看到为了找工作而活着的普通人，他们通常都会"务实"地去接受教育：

他们对学习马马虎虎，认为那是可有可无的事情；

他们选择那些与工作直接相关的课程和学校去进修；

他们认为，毕业拿到学历证书是上学最重要的任务；

他们迫不及待地从学校毕业，找到一份工作；

他们在工作以后，从不去学习新的知识，因为他们觉得已经没有这个必要了。

总之，他们认为受教育就是为了找份工作，而且学习是很累的事情，这就是普通人难以改变的观念。

看似"不务实"的有理财观念的人，则把受教育和学习看作无比重要的事，为自己的事业积累"知本"：

他们像个孩子一样好奇地去接受各种知识；

他们选择那些和经营与致富有关的课程去学习；

他们认为，如果上学是为了找工作，那上哪个学校都一样；

他们工作过一段时间后，就会找到自己的不足，重新去接受新的教育。

即使这些人已经很有钱，但是他们始终认为自己还很"无知"，不放过每一个学习的机会。这就是为什么那么多企业的老总即使很忙，也愿意花时间报名参加商学院的课程或听专家的讲座。

"务实"的普通人和"不务实"的有理财观念的人比起来，真是有些鼠目寸光了。请记住：工作并不容易取得财富，而"知本"却可以。

思维致富：学会用"知本"创造"资本"

在这个时代，受教育是一个人的生存之本，但如果把眼光紧盯在找工作谋生上，却往往限制了自己的发展；而不断学习、不断为自己的未来积累"知本"，才能把谋生真正变成做事业。

获得"知本"，事业的推动力

有一家法国小公司被一家德国跨国集团兼并后，公司新总裁宣布：公司不会随意裁员，但如果员工的德语太差，以致无法和其他员工交流，那么他很有可能被裁掉。公司将通过一次考试来检验他们的德语水平。

当其他员工都涌向图书馆开始补习德语时，只有一位叫皮埃尔的员工和往常一样，没有表现出任何紧张的情绪。其他人认为他可能已经放弃这个职位了，但是当考试成绩公布后，皮埃尔的成绩却是最高的。领导根据成绩外加其他几项考核，决定任命皮埃尔担任集团公司的大区总经理。

原来，皮埃尔自从大学毕业来到这家公司后，就认识到：同别人相比，自己无论是在知识上还是经验上都没有特别突出的地方。从那时起，他就开始通过各种形式的学习来不断自我提升。公司的工作很忙，但是皮埃尔每天都坚持学习新的知识和技能。他在销售部工作，发现看到公司有很多的德国客户，因为自己不会德语，每次与客户的往来邮件与合同文本都要公司的翻译帮忙，有时翻译不在或兼顾不上的时候，自己的工作就会受到影响。虽然公司没有明文规定要员工学德语，但是皮埃尔还是自觉地学起了德语。

对皮埃尔来说，公司被兼并这样的事情显然不是他所能决定的，但是他却能够通过积极学习来增加自己的技能，从而顺利适应了新领导的要求。

显而易见，皮埃尔把自己的业余时间用来学习，就相当于为自己的事业积累"知本"。终于有一天，这些"知本"成为他事业前进的推动力。有这种"知本"意识的人，想不成功都难！

获得"知本"，成功的资本

普通人最大的弱点就是想在顷刻之间成就丰功伟绩，这当然不可能。要想成为有钱人，并不是一蹴而就的事情，而是要经历一个通过不断学习而获得发展、提高的过程。只有不断地学习，才能有助于一个人获得成功。曾经有人问李嘉诚成功的秘诀，李嘉诚的回答很明确：靠学习，不断地学习！李嘉诚就是这样的人，他不但在小的时候学习刻苦，而且在事业有成之后也同样如此。他每天都要看英语节目来提高英语能力，看报的时候多看科技、财经之类的报道。

李嘉诚到了香港后，坚持半工半读。他曾深有体会地说："年轻时要在兴趣的驱使下如饥似渴地寻求新知识，事实证明，当初学习的冲劲对日后的事业发展有极大帮助。"也许有人说李嘉诚的成功在于幸运、在于机遇，但机遇偏爱有头脑的人。正是由于李嘉诚坚持不懈地学习，才使得他成为一个人人羡慕的香港超级富豪。如果你每天花一个小时的时间用来学习你不知道的知识，那么在五年之后，你就会惊讶于它给你的生活带来的影响。

所以，如果你想集聚更多的财富，就必须不停地学习，学习新的知识、新的赚钱方式。让积累"知本"成为你的习惯，你就赢了。

财富感悟

想成为有钱人，就必须记住：不为工作受教育，只为"知本"去学习。

先要让自己获得更多的"知本"，然后这些"知本"就会变成你的资本。

为了学而学，
还是需时刻关注学习目的

普通人说："学习就是学习，什么都应该看。"

有理财观念的人说："我为了我的目标而学，我有要学的东西。"

近年来，各种补习班、培训班是越来越多了，人们纷纷涌进各种培训班专心致志地学习。当我在感慨当今人们的好学时，却发现很多经过培训后的人也没有多大的改变。

学习究竟是为了什么？这是一个人们讨论了很久的问题。

也许有些人学的东西让别人不屑一顾，因为他学的不是符合潮流的东西，只是些与时尚脱节的东西，但这恰恰是他的资本。

一部分人也喜欢学习，但他们是因为看见别人在学所以才学，他们看见别人学什么就学什么。他们对学什么无所谓，因此经常学习些对自己没有用的东西。他们不明白自己为什么要学习这些东西，也不懂他们学的东西该怎么去用。

为了学而学，不是有准备、有目的地学，而是不切合实际地学，所以学的东西往往是用不上的。这样的学习只能给普通人带来钱财、时间和生命的浪费。

有理财观念的人认为时间是很宝贵的，知识是很重要的。他们不会

为了没用的东西而去学，他们也不会浪费这个时间。

有理财观念的人通常都会先定下自己的目标，然后为了实现这个目标，不顾一切地去学习需要的知识、技能、经验等。他们永远不会模仿他人或者学给别人看，他们都是为自己的目的而学。

赶潮流、学时尚的人和为目标而学的人一下子就能被大家区分出来。你如果还要继续浪费时间做这种无聊的事情，就不能取得任何成就。

要记住：任何学习都要有目的而为之。永远都要知道自己需要什么、该为需求做什么准备。

思维致富：有目的地学习，积累自己的资本

学习的动力很重要，为了学而学，不仅学不好，还学不到有用的东西；为了一个目的去学，就会有巨大的动力，从而积累所需资本。

为目的而学，做有准备的事业

有理财观念的人和普通人都爱学习，这是当今社会的良好风气。不同的人，思维方式也不同。普通人与有理财观念的人之间的差距也许原本只有0.05厘米，可是失之毫厘就会谬以千里，与有理财观念的人的思维差了一点，你也许就会与成功失之交臂。

有这样一则真实的故事：有一位普通的推销员，为一家食品公司服务了几十年。他没有另外的事业，因此日子过得紧巴巴的。到了快退休的年龄，他才觉得应该改变一下自己的生活，他决定要另创一番事业。由于他推销的时候学到了一点簿记经验，于是他决定开一个会计师事务所。有了这个从未想过的目标后，他开始了每天的簿记专门训练，这对一个老人来说是很不容易的。到了退休时，他果然开了自己的事务所，经营了不久，他以往的雇主和100多家中小商店都与他签订了合同，委托他处理一些事务。根据业务的需求，他又开始学习其他新知识。他开着一辆旧巴士，四处作业。巴士里是他的全部家当：计算机和打字机等。他的生意越发兴隆了，而他现在的所得更是以前不敢想象的。

这位先生虽然已经不再年轻，在大家的意识里已经是不再有活力的人了，但正是这样一个人却获得了很多人想都不敢想的成功。他成功的一大因素就是他为了建立事务所而进行的有目的的训练。

看完这个故事，你是不是很佩服、羡慕别人的成功呢？看着别人获得比自己多得多的回报时，你是不是应该想想你的学习目的呢？

为目的而学，取得意想不到的结果

李嘉诚可谓出生在书香世家，他从小熟读四书五经。然而到达香港后，他父亲李云经发现以前的传统教育思想在香港这个地方完全行不通，要想融入这个地方，就要学习"做香港人"。

李嘉诚是潮州人，只会讲潮州话，但是在香港不能熟练地讲广州话和香港话就会寸步难行，更别提做出什么大事业了。父亲告诉他，想要成就大事业，至少要懂得香港的通用语言，这样才能在事业上挥洒自如。经过几年的努力，李嘉诚终于熟练掌握了这两种语言，为他在日后的商战风云中的崛起奠定了基础。

此外，李嘉诚的英语技能也在他的创业过程中起到了极大的作用。他凭着一口流利的英语与外商进行商务洽谈，取得了巨大的成功，他也因此成为"塑胶花大王"。后来他建立的任何一个跨国商务，哪个不是凭借他的英语技能才得以顺利进行的呢？

他当初学习语言的目的只是为了在香港存活下去，他做到了这一点，而且这种学习在日后起到了更加巨大的作用。

如果当初李嘉诚随便去学习一些技术，也许我们现在根本找不到这个商业巨子的身影。

学习是为将来做准备，是实现目标的必要过程。没有了目标，你就不知道自己究竟要做些什么，不知道自己该学些什么，因此就会产生闲暇的时间，就会盲目地学习。

财富感悟

不要浪费你宝贵的时间在为学习而学习上,否则你将一事无成。

时刻记得你的目标,学习只是一个过程,它是为了实现你的目标所做的准备。

微信扫码

☑ 拓展视频　☑ 图文资讯
☑ 趣味测评　☑ 阅读分享

攒钱上大学，
还是攒钱创业

普通人说："我要节约，攒钱好上大学。"

有理财观念的人说："不容浪费，节约每一分钱为创业做资本。"

很多人都有存钱的习惯，上至七八十的老人，下至几岁顽童都是如此。大家存钱都用来干什么呢？这个用途就可谓五花八门了。

普通人存钱的用途无非就是为将来做准备，有了钱孩子将来上大学就有保障了，就不会让孩子因为没钱而不能上学。这是一种保障，也是一种骄傲，也是绝大多数人的想法。

可是真正的有理财观念的人或者说有理财头脑的人不是这么想的。他们知道不能给别人工作一辈子，但是要有自己的事业就得有资本，一分一厘的节约都是将来的积累，节约的钱要用在钱生钱的事业上才是明智的。

中关村IT业的一位老板，是一个20岁出头的年轻人。他的事业发展得已经初具规模了，可是在他创业之前，大家并没有看好他。这个年轻人和他的家人都是很节约的，他爸妈也准备了不少钱打算让他上大学，然后再出国深造，回来找个好工作。然而他上了两年大学后，就想创业。大家都觉得太冒险，可是他依然坚持自己的意见，拿出了出国的钱，开创了自己的天地。现在他的同学都刚刚从大学毕业，拿到的工资对他来说就是不值一提的小数目，甚至还有人在为他工作了。

怎么利用你手中的积蓄，就会产生怎么样的结果。

你会看到有些拼命赚钱，当钱又增加一分时，他们仿佛看到大学的希望又近了一步。

他们看到别人把辛苦攒的钱用于创业时，会鄙视别人不做正事。

他们怕创业会把所有积蓄花光，因而没有胆量尝试。

他们要把钱放在最有"前途"的教育事业上，不愿意冒险，这也注定了他们成不了有成就之人。

而那些总把钱"乱用"、做些"不稳当事"的人，你会看到他们为积累资金奔波辛苦。

他们会把钱投在自己的事业上，也许一次不会成功，但是他们不会放弃。

他们坚信，自己创业当老板要比打工好，不创业就只能给别人打一辈子的工，看别人的脸色行事。

想要成为富翁就不要仅限于进大学，因为这只能让你成为别人手下优秀的打工者。要有创业的头脑、创业的想法，这样才能脱胎换骨，迈上另一个高度。

思维致富：用创业开创你事业的起点

不想当老板的人就永远当不了老板，只能为别人当一辈子的雇工。想要开创自己的事业就把金钱投资于自己的创业上吧。

创业，转变生活的良机

在这个世界上平凡的人有很多，白手起家致富的事例我们也听过很多。

并不是每个人的家庭条件都很好，家财万贯者毕竟是少数。我们的生活不能依赖别人，要靠自己的双手去改变。

长安大学的学生钱俊冬，2003年注册了自己的三人行创业公司。他的家庭可谓是一穷二白，大学期间他连学费都是贷款得来的，但是他却取得了很大的成就。这是因为他具有敏锐的眼光和大胆的想法，并且敢于实施自己的创意。他在学校卖过电话机、卖过唐装、做过代理收集等业务，渐渐地他的生意越做越大，还在别人的帮助下注册了自己的公司。现在他的公司已经具有四家全资店面，销售网遍布西安。他早就还清了家里的债务，从一个穷小子变成了一个圆了求学梦、自主创业成功的杰出人物。他就是看到了学生这个消费市场，利用好了这个大的消费群体，帮助自己实现了梦想。

穷困并不可悲，贫而变富的人比比皆是，不想着怎么去彻底改变才是最可怕的。没有无法改变的穷口袋，只有无法改变的穷脑袋。一个人做不出让自己成功的事业是因为他根本就没有这种想法，或者说没有想成功的正确想法。

积累你的力量创业吧，由小到大，慢慢扩展，你会发现你的生活已经和原来不一样了，还等什么呢？

创业，创造你的蜕变之路

李书福，吉利汽车的创始人，现在已是最年轻的亿万富翁之一。

由于环境的影响，李书福高中毕业后没有继续求学，而是开始从事一些小生意。他是个预见性很强的人，也有一股冲劲。20世纪末，李书福决定进军汽车行业，而当时的中国汽车行业是个很复杂的市场，他像堂吉诃德一样，以一个悲剧英雄的疯狂劲儿开始了新的、更大的行业创造。他获得的"战绩"让人肃然起敬，他的成果让世人震惊。世界创业实验室说："在中国商业界，李书福代表一种可能性。"

其实，李书福在进入汽车行业之前，已经是个挺成功的商人了，是什么驱动他进一步创业的呢？当然是利润。他在创造吉利汽车以前和吉利汽车成功以后的声望、财富是不可同日而语的。他已经从一个小老板蜕变成了一个世人瞩目的巨星。

你或许正在攒钱或者已经积累了数目可观的一笔钱了，想好它的用途了吗？有些人只是为了攒钱而攒钱，不花的钱摆在那儿就只是一种装饰，失去了它的价值，还不如将其用在开创自己的事业上。

　　拿出气魄，做好准备，开创自己的事业，做自己的老板，不要让别人主宰你的人生。

培养金钱大脑

普通人说："金钱每天都能接触，不用专门培养对它的认识。"

有理财观念的人说："从小就应该对金钱有正确的认识，有个金钱大脑。"

说到钱，没有谁会陌生，我们每天都在用钱，提起它的好处，可能人人都能说出一大筐。人人都想拥有用不尽的财产，这可能就是大家对金钱的认识了吧，但仅限于这些只能说明你还是个普通人。

有理财观念的人都有一个金钱头脑，并且一直注重培养金钱意识。一个拥有金钱头脑的人不仅要有赚钱的野心，更要懂得赚钱之道，如勇敢投资、要做预算等。

石油大王大卫·洛克菲勒很小的时候，父亲就要他自己去赚钱。他小学时总是做很多工作才能积累一点儿钱。他的父亲在他幼年就教

育他不能浪费金钱，要努力工作，要有挣得更多的野心，要有长远的眼光，要取之有道。洛克菲勒的博士论文就是：未经利用的资源和经济浪费。

洛克菲勒后来也教他的子女说："人对金钱有一种拥有的冲动，要对这种冲动加以控制，否则它会毁了个人，毁了家族。"他还坚持要子女们记账。

从这些成功人士对家人在金钱上的教导中，可以看出他们有许多与普通人不同的地方。

许多人往往忽略了这方面的知识，更有人认为一天到晚谈钱会毒害人的思想，让人与人之间除了钱之外什么关系都淡了。所以这些人认为小时候就开始灌输金钱知识对孩子没有什么好处，他们也不想要孩子从小就为了钱而工作。

拥有大量财富的人都有一颗金钱的脑袋，他们从小就自觉地做很多的小事情，挣得自己的成果，并且懂得珍惜来之不易的金钱，这会影响他们的一生。

与普通人不同的是，有理财观念的人们对财富充满强烈的热情、对成功无比执着。同时他们知道如何以恰当的方式去得到自己想要的东西，从不会畏首畏尾。

做任何事情都要有全方位准备，这样才有可能取得成功。

因此每个人都要注意：千万不要在教育的时候忘记了金钱教育，只有具备一定的财富知识才有成功的可能性。

思维致富：学会让金钱大脑产生金钱

教育本来就是一门很复杂的学问，教什么、培养什么样的人都是问题。不要忽略了金钱方面的知识，要从小树立起正确的金钱观，培养金钱头脑。

金钱头脑，永远成功的保证

"该出手时就出手"，这句话大家应该都听过，但并不是每个人都能做到，而"该收手时就收手"这句话实践起来同样并不容易。许多普通人没有灵活的理财头脑，不懂得"以退为进"，当看见一种方式可以赚钱时，他们就会蜂拥而上；当形势发生变化时，他们又不懂得顺势而变，所以最后往往只有个别运气好的人能赚到一些钱。

在9.11事件之前，美国股市一路走高，随便挑几支股票买入都能赚钱。因此不少人积极入市，希望借这股东风大赚一笔。然而9.11事件发生后，股市暴跌，无数人赔得血本无归，而股神巴菲特几乎没有受到损失。这是为什么呢？原因就是他并没有被股市的疯狂涨势所迷惑，明白股市无故疯涨绝不是正常现象，所以几年来都没有买进一支新股票。股市虽然暴跌，但距离他的买入点还有一定距离，因此他虽然也遭受了损失，但仍然在赚钱。由此可见，"股神"并非浪得虚名，其清醒的头脑和长远的目光，远非一般人能比。

世上赚钱的机会有很多，但是如何把赚到的钱牢牢握在手中，才是对一个人的理财智慧的真正考验。只有保证自己的头脑永远处于清醒的状态，你才能在财富的惊涛骇浪中立于不败之地。

知识是有钱人的工具，可以改变命运。

先用金钱知识充实金钱头脑，再用知识换取金钱。

微信扫码

☑拓展视频　☑图文资讯

☑趣味测评　☑阅读分享

第二篇

工作：为别人工作，还是为自己工作

想找一份稳定的工作，还是想成就一番事业

普通人："工作只是为别人打工，领取薪水，能养家糊口就好。"

有理财观念的人："工作是为了自己学习更多，积累经验，锻炼能力！"

如果你工作的目的只是为了获得不错的薪水，养家糊口，那么你永远也只是一个打工者，永远为他人的财富劳动；如果你回答说是为了自己，锻炼自己的能力，积累经验，提升自我的价值，那么你终将当上老板，让别人替你工作。

有个人在朋友聚会的时候，问了朋友们一个问题：如果你中了大奖，第一件要做的事情是什么？结果答案不出人意料，他们第一件要做的事，通通都是辞职。这群人中很大一部分是辛辛苦苦的打工者，可能他们早已经对工作感到厌烦了，他们工作只是为了生计，迫于无奈。

社会上的那些有理财观念的人们，其实早已经不必为了生存而去奋斗，因为他们赚的钱已足够他们的花费。对这些大老板来说，银行账户里的数字，多一个零和少一个零其实对他们的生活并无影响。那为何他们还要工作，而不是休闲在家？

这就是不同的人对工作的性质和意义认知不同的缘故。有些人工作只是为了赚钱养家糊口，别的对他们来说都不重要，他们满足于给别人打工，按时领取薪水，不想改变这种状况；而对那些不需要考虑生计

问题的人来说，工作的意义不再是养家糊口，而是一种生活状态，做自己喜欢做的事，从中提升自身价值，使自己变得更强，最终成就一番事业，这才是他们工作的原因。

有理财观念的人想成就一番事业：

有理财观念的人把一份工作做透才跳槽；

有理财观念的人工作不只是工作，他们研究其他公司的运作方式、分析产品的市场前景等；

有理财观念的人离职多半是因为已经达到巅峰，再无可学的东西；

有理财观念的人工作在乎能否学到东西来帮助自己的未来发展；

有理财观念的人不断找寻机会换更好更高的位置，学习更多的东西。

总之，有理财观念的人工作是为了自己，是为了使自己变得更加优秀，活得更加成功。

普通人则保留着普通人的思维，辛辛苦苦地为别人打着工：

普通人把一份工作做砸才跳槽；

普通人工作的时候只想着快点下班，怎样才能不累；

普通人只想着能够找个稳定的工作养家糊口，保住退休金与工作，从没想到要发展；

普通人离职，多半是不满收入。

所以说，把工作当作养家糊口的手段的人，眼光过于短浅，应该进行深层次的思考，通过打工创造价值，提升自我，把握住下一次机会，这样才能立于不败之地。

思维致富：在工作中不断提升自我

古语有云："逆水行舟，不进则退。"如果一个人满足于现在的工作而不思进取，不能在工作中提升自己的能力，那么即使现在再优秀，也最终是个给别人打工的打工者，终将被淘汰。

"提升自我"，方能成就一番大事

拿破仑至今被很多人奉为偶像，他虽然个子矮小，但却称霸欧洲数十年。从一个常人到法兰西的皇帝，他的成就让世人敬仰，但是他的成就并不是偶然的。

当拿破仑还是一个少尉的时候，工作之余，他的同事在玩闹嬉戏打发时间，而拿破仑却废寝忘食地博览群书，如饥似渴地读着那些对他的将来有用的东西：大炮的原理和历史、战争、哲学、文化、法律、天文、地理、气象学等。他迷恋上了卢梭、孟德斯鸠、伏尔泰等启蒙学者的著作，还阅读了大量有关古代波斯人、西塞亚人、色雷斯人、雅典人、斯巴达人、埃及人和迦太基人的历史、地理、宗教、社会风俗等方面的书籍，研读了亚历山大、汉尼拔和恺撒等历史上伟大统帅的传记以及炮兵技术、战术方面的书籍，并做了许多笔记。大量的阅读、观察和分析，使他积累了丰富的知识，具备了非凡的智慧。

正因为拿破仑知道自己的目标以及为此要做什么准备，才在周围的同事都满足于现状的时候，忍受孤独，不断提升自己的价值和能力。因此，后来他才取得如此大的成就。

"自我增值"，方能使事业持续成功

普通人学习的目的是饭碗，因此他们被动、消极、盲目、不懂思考、人云亦云，埋怨社会环境造成其贫穷，满足于现状而不思进取。有理财观念的人学习是为了丰富自己，因此他们主动、积极、热切，乐于探究事物的本质，勤于思考，不断提升自我价值。

Jimmy在硅谷30多年，几乎见证了硅谷的发展全程。在那里，IT是个发展速度很快、风险和回报都很高的一个行业。有人问他怎样才能在那里取得成功。他说："在硅谷，没有永远领先的方法，只有不断地摸索，学习给自己增值，否则你就必然会被淘汰。硅谷中每一个成功的公司也都不是遵循谁的模式或足迹，而是自己摸索，不断发展。所以每一个公司或个人要想在硅谷生存下去，就必须不断地思考创新，提供有价值的服务，进行自我增值。在这个高风险的行业中，即使像已经成功的微软、IBM，他们也不敢懈怠，因为他们知道，如果停滞不前，可能就要被淘汰。在这个行业中，最应具备的就是危机感，没有永远不败的神话，要想持续成功，就必须不断地思考，不断地创新，不断地提供更有价值的服务。"

这就是生活的真相，普通人们总是日复一日地过着重复的生活，从来没有危机感；而有理财观念的人们则无时无刻不感到危机，他们知道要想一直成功，就要不断地努力，不断地进步。

　　当你的思维习惯和思想行为都逐渐被有理财观念的人所同化的时候，那么等待你的是什么呢？

　　是财富。

财富感悟

　　要想变成有理财观念的人，记住：永远不要为了工作而工作，而应该为了自己的理想打工！

　　不断地进行自我升值，让自己越来越优秀，这样才能让别人给你打工！

工作时想的是为别人干，还是打工时也是为自己干

普通人："找个好工作，好好赚钱，讨好老板。"

有理财观念的人："我要当老板，工作只是为了积累资本！"

成功人士大都是这样的人：有高度的责任心；工作态度表里如一、一丝不苟；永远充满激情。他们的成功是一种透明的成功，没有半点虚假，没有半点水分。因为他们都有一种信念：我是在为自己工作。

丽丽和王芳同在一家公司工作。

丽丽的口头禅是："为什么那么拼命？大家不是拿同样一份薪水吗？何必那么卖力？"她从来都按时上下班，职责之外的事情一概不管，分外之事更不会主动去做，不求有功，但求无过。一遇挫折，她最擅长的就是自我安慰："大多数人都是和我一样，我又何必担心？不管什么职位还不都是为老板工作？"

而王芳就不同了，在公司里经常可以看到王芳忙碌的身影，她对待自己的工作十分认真，毫不马虎。王芳总是积极地寻求解决问题的办法，把工作当成自己的责任，觉得是在为自己工作，即使是在遇到挫折的情况下也是如此。因此，她总能让问题得以顺利解决，时刻享受工作的乐趣。

一年后，丽丽仍然做着她的秘书工作，上司对她的评价始终不好不坏；王芳还是那么积极进取，尽职尽责，她忙碌的身影依然随处可见。

她已经从销售员的办公区搬走，这一年，她被提升为销售经理，新的挑战才刚刚开始。

这就是两种人工作态度的区别：

有理财观念的人知道他们是在为自己工作；

有理财观念的人认为所有的工作都应该全心全意、尽职尽责才能做好；

有理财观念的人相信工作是一个施展自己能力的舞台，他们有能力，也相信自己可以做得更好。

总之，有理财观念的人从来不会觉得工作是在为别人打工，他们是自己的真正主人！

另一方面，类似丽丽的普通人也有着他们的思维：

普通人认为他们是在给老板工作；

普通人认为工作不出大的差错就好，没有必要做得更好；

普通人从来没有觉得工作有什么值得研究的，他们认为工作乏味无比，只要对付上就好。

普通人不求有功，只求无过，过着他们平平淡淡的日子，注定只能做一辈子的普通人！

思维致富：把"工作"当作积累"资本"

为他人做事，你永远不会付出全力，永远不能有心思去发展。因此不要想着你每天的工作是在打工，要想着那是在为自己的未来工作，这样你的努力才会有大的回报。只有这样，你才可能花力气去研究、去钻研，才能做出自己的事业。

把工作当成为自己打工

"反正是为老板工作，能偷懒就偷懒，何必那么辛苦呢？到月底照样拿薪水，何必拼命？"我们经常会听到这样的说法，可能在职场的很多人都会抱有这样的想法，这也注定了他们永远只能为别人打工。我们不能这样狭隘地看待工作，因为有理财观念的人从来不会把工作当成是给别人打工，他们会把工作当成为自己打工，只是为了给自己积累资本！

张静在一家大型会展公司任设计师，现在是公司里的红人，待遇优厚，老板对她也很客气。而当初可不是这样，她刚进公司的时候，经常要做很多的工作，参加各种各样的会展设计，异常辛苦，但她仍认认真真地去做，毫无怨言。

一次老板给她一个任务，是一个挺大的方案，要求她在3天内完成。她接到任务后没有埋怨时间少、任务重，反倒觉得这是一次机会。她在

这几天里，一直都特别兴奋，唯一想的就是怎么把方案做得完美。她到处请教别人，四处查资料，经过努力，终于做出了一份让客户和老板都很满意的方案。

因为张静工作认真，现在老板不但提升了她，还把她的薪水涨了2倍。

后来，老板告诉她："我很欣赏你对工作的态度和为工作的付出！你是一个优秀的员工！"

张静说，她之所以这样做，之所以能取得今天的成绩，源于她给自己立下的一条规则——"我是在为自己工作，任何时候都不能敷衍"。

有理财观念的人认真负责、不敷衍，他们在工作时会承担起一个员工应有的责任。对公司，认真负责、不敷衍；对老板，认真负责、不敷衍；对自己，认真负责、不敷衍。这才是智者所为。

把工作当成超越自我的机会

普通人找到一份工作就会很满足，他们不会主动在工作中精益求精，超越自己；有理财观念的人则总是在工作中不断地自我超越！

很多年前，有一名酒店服务员，他当时很为自己有这样一份工作而高兴，但是他的目的不止于此，他下定决心一定要出人头地。

没想到的是，在新人受训期间，上司竟然安排他洗马桶！从那以后，他变得心灰意冷、一蹶不振。在这关键时刻，他的老板出现在他的面前，老板什么话也没有说，亲自洗马桶示范给他看。等到洗干净了，老板从马桶里盛了一杯水，当着他的面一饮而尽！老板用实际行动告诉他：即使是最简单的工作，也值得你认真去做，也可以做得如此高标准。

从此，他像换了一个人似的，每天认真地对待每一件事情，认真学习各种相关的工作技能，不断进步。最后，他凭着自己的努力成为世界著名的旅馆大王，他就是康拉德·N·希尔顿。

如果你只是为了一份薪水而工作，觉得你所做的一切都是在为你的老板做的话，你其实做不出什么成就。如果你转变一下思想，保持一种为自己工作的心态，你就能保持工作的积极性。为自己的将来而工作，你就可以做很多的事情，开创新的领域，钻研新的知识，成为优秀的、积极有活力的员工，你会得到每个人的肯定，这样你就有可能成为一位成功人士。

财富感悟

工作不是为了别人，而是为了自己，为了不断超越自我。

学会管理自己，规划自己，不断地驱动自己向成功迈进。

只求干好分内事，
还是努力争取分外事

普通人："干分外事，自讨苦吃！"

有理财观念的人："多做才能多学，多学才能多能，多能才能多财！"

在工作中，普通人和有理财观念的人还有一个区别就是：普通人非常满足于把自己的分内事做好，而有理财观念的人拼命地给自己多找些分外事做。

有理财观念的人是有劲没处使吗？不。当"精明的"普通人在嘲笑"傻傻的"有理财观念的人时，岂不知最大的傻瓜是自己。让我们看看这位只满足于干好分内事的精明普通人的职场生活：

他准点上班、准点下班；

他做好自己的本职工作，数年如一日地重复简单劳动；

他不主动给人帮忙，在公司里凝聚不了"向心力"，也培养不起"领导力"；

他的工作能力几乎没有什么长进；

他不知道公司整体做什么，也打不进中层的圈子，更甭提是高层了；

他抱怨自己没有机会，却没有想过是自己心态有问题；

他眼馋别人拿高薪、创业当老板，却不知道如果冲不出"分内事"

的圈子，自己永远也干不了别人能做的事。

与这种人形成对比的"傻傻的"有理财观念的人或准有理财观念的人却眼观六路、耳听八方：

他进入一家公司，即便是新人，也会留心别的同事在干什么，会观察公司的整体管理；

他主动给同事帮忙，一方面赢得好人缘，一方面学到自己岗位上学不到的东西；

他向上司毛遂自荐，得到锻炼的机会；

他的能力增长飞快，成为"多面手"；

他的"吃亏"被领导看在眼里，提拔的名单上很快就有他；

他在分外事中了解了公司的运作模式，成为行业里的精英——此时，不论是给别人打工，还是自己创业，他的收入都会超越常人。

看来，普通人的"精明"最终不如有理财观念的人的"愚笨"。在现代市场经济大潮中，只有活跃的弄潮儿才能成为经济社会的主角，才能成为财富青睐的对象。时代需要能打、能跳、能折腾的人，安分守己者"钱"途无"亮"。

思维致富：分外事里蕴藏着"钱途"

做好分内事，是一个人立足的基础，但仅仅只能立足而已；做好分外事，才能向外发展，广泛地触及各种知识和资源，从而为致富打下基础。

做分外事，早日闯入中层

同样两个人，一个人只做好自己的本职工作，另一个人除了干好自己的事外，还能帮公司解决一些难题——如果你是老板，你会喜欢哪一个？你又会提拔哪一个？答案不言自明。即使不跟别人比，你也应该知道，职场更青睐那些能承担更多事情、能够抵挡多面的人。

董明珠是珠海格力电器股份有限公司的总裁，在国内的名气同"打工皇后"吴士宏不相上下。她凭什么能成功？凭的就是把分外事也当作分内事的那种干劲。董明珠刚加入格力不久，就被派到安徽芜湖做市场。她的前任给她留下了一个烂摊子：货给了经销商，几十万块钱却没有收回来。公司并没有把收款的任务交给董明珠，所以她完全可以不管不问，专注地开拓自己的业务。可董明珠却认为，自己是公司的一分子，别人欠公司的钱，自己有责任把它要回来。就这样，她跟那家不讲信誉的经销商磨上了。

经过几个月的努力，钱虽没要到手，但货却要回来了。当货被搬上卡车的时候，她冲着那家经销商说："以后再也不跟你们做生意了！"说完，泪就流了下来。

这次"狗咬耗子"的要债行为让公司看到了董明珠的强硬和她的商业才能。很快，她就从数百名业务员中脱颖而出，后来被提拔为销售经理、总裁。2003年，曾有企业欲以5000万元年薪挖走董明珠；2006年，董明珠持有格力电器股份225.96万股。她现在已是不折不扣的财富女人，她走过的路值得我们每一个人深思。

做分外事，为创业积累资本

杭州奥普浴霸公司的董事长方杰是个非常善于向别人学习、为自己积累资本的人。早在澳大利亚留学的时候，他就有创业的梦想，并有意识地到澳大利亚最大的灯具公司"LIGHTUP"公司打工。

作为一名学生，他不可能一下子就进入管理层，他就在干好本职工作的基础上多做分外事，以便让老板认识自己，从而获得机会。一段时间后，老板很欣赏这个勤快的华人小伙子，于是把他调到自己身边。

方杰知道老板是个谈判高手，而自己在这方面的技能很欠缺。他就主动打听老板的谈判计划，为老板献计献策，帮忙整理资料等，为自己争取到陪同谈判的机会。老板的很多谈判都安排在周末和晚上，方杰主动请缨为老板拿文件、当司机。在谈判中，方杰总是将老板与对方的话一句句记下来，回家细细地揣摩、学习，研究老板是怎样分析问题的，对方是怎样提问，老板又是怎样回答的。

几年后，方杰成为一个商业谈判的高手。到了1996年，方杰差不多已经成了澳洲身价第一的职业经理人。后来他回国创业，奥普浴霸就是在这样的基础上做成的。

可以说，方杰并不是一个天生的生意人。他之所以成功，是努力多做分外事，在分外事中不断学习成长的结果。

财富感悟

财富永远不会跟只做分内事的人握手。超越了分内事，机会和金钱就会不请自来。

先让自己的付出超过报酬，然后报酬会成倍地超过你的付出。

任时间溜走，
还是一天当作两天用

普通人："时间有的是，我的时间很充裕，活得很悠闲。"

有理财观念的人："时间有限且珍贵，要好好珍惜利用。"

古训曰：一寸光阴一寸金，寸金难买寸光阴。

让我们用一则在互联网上广为流传的、和全球首富比尔·盖茨的时间管理有关的笑话来解释这句古训。有人帮盖茨算了一笔账，结论是：就算掉了一张1万美元的支票在地上，盖茨也不应该去捡，因为他可以利用这个弯腰的5秒钟赚更多的钱。这和经济学上的机会成本有着类似的概念，就是说花5秒钟弯腰捡起1万美元的选择收益小于不捡这1万美元的收益。因为在这5秒钟内，他足以赚够这个数目。

原因很简单，以他现在的个人资产，他每秒钟都可以赚进大笔的金钱，每浪费1秒钟对他而言都是一种巨大损失。换句话说，即使弯腰5秒去捡1万美元的支票，对盖茨而言也是一种时间上的损失。

不论是从古训还是这则笑话中，我们都可看出时间管理的真正含义：管理时间，就是管理行为。我们的行为将决定我们的回报。所有的有理财观念的人都是珍惜时间的人，他们不会轻易浪费自己的生命。

普通人和有理财观念的人在对待时间上是有着明显的不同的：

普通人觉得他们的时间总是很充裕，从来没有紧张过；

普通人觉得他们的时间很漫长，总发愁怎样去打发；

普通人会为了买菜时的一点儿价格差异和人讨价半天，认为很值得。

有理财观念的人总会觉得他们的时间不够用，一直都很紧张；

有理财观念的人觉得生命短暂，一定要多做事充实自己；

有理财观念的人们不会为一点儿小事浪费太多时间，他们明白时间的成本。

一个享受充裕时间的人不可能挣大钱，要想悠闲轻松，就会失去更多挣钱的机会。时间宝贵，不能浪费，这个道理只有有理财观念的人才懂。

对于时间就是金钱的说法，其实普通人并不能真正领会。他们没有重要的事情要做，少了一点儿时间他们也不会失去赚100万的生意，也没有重要的合同等着他们去谈。他们的时间不是金钱。在遇上

堵车的时候，他们也会抱怨，但是他们并不是因为失去时间而可惜，只是因为等得太久难受，心情不好而已。

你是否也有上述的时间观念呢？

思维致富：学会用"时间"创造"价值"

在一件事情上，上天对我们每个人都是公平的，这就是每人每天24小时，但是，普通人和有理财观念的人的24小时却又是不一样的：普通人终日碌碌无为，有理财观念的人却总能成功，创造出巨大的财富。

掌握"时间"，做时间的主人

陶渊明说："盛年不重来，一日难再晨。及时当勉励，岁月不待人。"岳飞在《满江红》中有云："莫等闲，白了少年头，空悲切！"在人的一生中，时间是最容易流失的。时间贯穿于每个人的一生，我们的生命价值及意义的体现不可能脱离有限时间的束缚，而对时间的认知掌控和应用它来创造价值的能力就显得非常重要。

掌控时间有没有方法？当然有，而且有很多。只要你认真学习并掌握了这些方法，你就能真正地掌控时间，做时间的主人，成功也必然随之而来。

只要把精力放在最能见到成效的地方，你就能掌控好时间。美国的凯利·穆尔油漆公司的主席穆尔当年只是一个油漆销售员，第一个月结束时，他发现自己挣得很少。不过他很聪明，他仔细分析了自己的所有顾客，发现他对所有的顾客花掉了一样的时间，但是其中20%的顾客买了80%的东西。于是他采取了相应的措施，专门去服务那些有希望的顾客，放弃那些不活跃的顾客。他对一般的顾客只提供普通的服务，对那些可以真正带来收入的少数顾客提供贵宾级服务。不久，他一个月就赚到了1000美元。穆尔从未放弃这一原则，这使他最终成为凯利·穆尔油漆公司的主席。这就是赫赫有名的二八法则。

从这一法则中我们应该明白，日常生活中有很多事情无关紧要，但是却花费了我们大量的时间。所以我们应该在做事的时候应用这一原则，选好重点，把时间集中在最重要、最有效的事情上，以达到事半功倍的效果。要知道，并不是所有的事情都同等重要。在一个有理财观念的人的头脑中，他一定明白时间的重要性。做时间的主人而非时间的奴隶，这是成为有理财观念的人的必要条件！有理财观念的人管理时间都有方法，我们只有学会这些方法，才有可能成为有理财观念的人！

财富感悟

时间就是生命。想做有理财观念的人，就要充分利用你的时间，提高自己的做事的效率。

有智慧的人都善于利用时间。让时间为你服务，掌握了时间也就掌握了自己的生命。

遵循成规，
还是独辟蹊径

你想改变吗？你的想法和你周围的人一样吗？你是否厌倦了这样毫无新意的生活？

古训曰："苟日新，日日新，又日新。"在生活中我们不难发现，每个耀眼的奇迹背后，一定有新思想、新观念支撑，一定有成功的方法在推动。《孙子兵法》有云："凡战者，以正合，以奇胜。"什么是奇？其实就是创新。所以要想成功就不能有普通人那种胆小的心态，而应该学习有理财观念的人那种闯劲、那种敢想、敢于"出格"的精神。梦想梦想，如果不敢想，那就只剩下一个梦，永远不能成为现实。

有理财观念的人敢于冒险创新，敢于创造机会、利用机会，掌握任何一个可以发展壮大的机会。他们有自己的目标，因此会积极努力地经营事业。他们懂得要自己设计自己的人生道路，不局限于常理，这就是所谓的"不走寻常路"！

在美国硅谷，阿塔里·诺兰·布什内尔创建的阿塔里公司曾经非常有名。这个公司发明了电子电视游戏，于是一个新的时代宣布来临。各种各样的游戏被他们搬上电视，很多孩子以及年轻人为此痴狂，这促使了一个新的产业的诞生，拉动了一个新的经济增长区域。这个行业更是间接促进了电脑行业的发展。这一切的一切，都只来源于阿塔里的一个创新的想法。

他没有发明游戏，但他却成功地教会了大家玩游戏。他通过自己的创新，改变了人们的生活，影响了几代人。这就是有理财观念的人和普通人的区别，普通人只会羡慕有理财观念的人的财富，却从来不会思考怎样才能获得财富，他们习惯跟着别人的思维，而不是进行独立思考。

普通人和有理财观念的人都会对财富充满渴望。不同的是，普通人和有理财观念的人有着不同的思维：

普通人只想守规矩，不敢越界；他们喜欢听从别人的指挥，因为这样不会出错，错了也不是自己的责任。

普通人不愿意动脑，创新对他们来说毫无意义；遇到困难的时候，别人让他怎么干他就怎么干，他绝对不会自己思考如何去把问题处理好。

普通人喜欢走现成的路，永远不会做第一个先驱者。

有理财观念的人不喜欢守规矩，很多时候敢于"越界"；

有理财观念的人最喜欢用头脑思考，对创新有着强烈的渴望，他们喜欢自己去找到简捷的方法来解决问题；

有理财观念的人不喜欢走在别人的后面，总喜欢自己开辟新路。

你要想成为有理财观念的人，就必须革新你的大脑，走自己的路，不要跟在别人的后面。跟在别人后面永远也成不了有理财观念的人！

各行各业都是如此，我们要有敢为天下先的勇气和魄力，不然只能跟在别人的后面，永远赚不了大钱！

思维致富：学会用"新创意"创造"财富"

在现代化的经济社会，资源是有限的，从资源的稀缺性角度来看，越稀有的东西才越有价值。所以我们要不断提高自己的创新能力，这样才能不断地靠点子制胜，走在别人的前面！

获得"新创意"，成功弹指间

纵观当代企业，只有不断创新，才能在竞争中处于主动地位，立于不败之地。许多企业之所以失败，就是因为他们做不到这一点。相反，很多成功人士就是因为一个新颖的想法，在很短的时间内就超越了别人，迅速致富，寻找到了一条成功的捷径。

休斯电器公司的老板休斯当年也只是个记者，他在放弃记者工作后就一直想在电器行业中发展，但是他调查很久仍然不得要领。一次偶然的机会，他在一个朋友家做客，吃饭的时候他发现饭里面有一股很大的煤油味。朋友解释说这个煤油炉子总出问题，煤油经常洒到菜里面去。

听到这句话，休斯顿时来了灵感，想到可以发明一种用电的炉子，又省事，又能避免煤油炉的缺点。有了这个想法之后，他开始了钻研。后来，他发明了电锅、电壶等家用电器，很受主妇们的欢迎。同时他也创立了自己的公司，正式开始生产家用电器。从此世界上少了一名记者，多了一位实业家。

新的创意可以使你开创一片新的天地，在这个天地里面你是先驱者，你可以任意发挥，很容易取得成就。然而一个新的创意也来之不易，多观察、多调研，你才能有不错的想法。

财富感悟

想要把你和别人区分开来，那就要创新，想出与众不同的好点子。

如果你有了好的创意，那就尽力去实现它，随之而来的就是它的附属品：财富。

第三篇

赚钱：拥有稳定的收入，还是挑战增长的收入

靠领工资赚钱，
还是玩增值游戏赚钱

普通人说："要拿高工资，得晋升到高职位。"

有理财观念的人说："赚钱就是增值游戏，像滚雪球越滚越大。"

晋升是个很有诱惑力的字眼。每个在职场上的人，恐怕都不能免俗地期待自己升职，期待做高管、当经理、做主任。好好读书，将来找个好工作，然后做经理，一步步高升，每个人小时候接受的教育大抵也是如此。一起水涨船高的除了脸上的光彩，还有不断攀高的薪水，而更多的收入对于靠领工资赚钱的普通人来说，无疑具有极大的吸引力。

而晋升带来的收入提高也许意味着更高的赋税，同时说不定各项消费水平也相应提高，那么增加的收入远不够填补那不断增大的黑洞。于是你又要继续努力，继续发愤图强，继续期待晋升，这样你的收入才能再次提高。这样一来，一个看上去很美的恶性循环已经开始了。普通人也在其中越陷越深。

有理财观念的人不靠领工资赚钱，有理财观念的人靠投资赚钱。有理财观念的人看中的正是投资过程中资产越翻越多、钱越赚越多、雪球越滚越大的机会。有理财观念的人或许一直在做的就是这样的一件事：

把别人的钱和自己的钱、别人的时间和自己的时间、别人的智慧和自己的智慧完美地组合起来，然后开始滚雪球，为自己赚钱，也顺便为别人创造工作机会，给别人发薪水。

真正的有理财观念的人追求的是100%甚至更高的利润，他们拥有更高的智慧，这种智慧是把各种人和事以及金钱和谐地安排好的智慧。他们拥有这样智慧，所以他们用这样的智慧去滚金钱的雪球。

有理财观念的人的游戏具有极大的风险性，但是有理财观念的人之所以能成为有理财观念的人，就是因为他们敢于玩这样的金钱游戏，也更乐意去玩。玩这种增值游戏，他们得到的不只是巨额的金钱，还有征服这个游戏的快感。

通常情况下，有理财观念的人会越赚越多、越赚越快。其实这很容易理解。有理财观念的人的收入已经转化为更多的房产、更多的地产、更多的投资资本，然后开始等待房产、地产以及各个投资项目不断升

值，期待那个增值游戏越玩越大，期待那个雪球越滚越大。有理财观念的人游戏的资本更多，玩游戏的刺激性更强，有理财观念的人们也更加乐意把这个游戏玩下去。

思维致富：增值游戏，将雪球越滚越大

从期待晋升到开始玩增值游戏，这并不是一个轻松的过程，也不是一个容易的转变。增值游戏的开始，意味着一个金钱的雪球已经开始滚动。将雪球滚大，即是这个游戏的目标和动力。

加入增值游戏，告别传统价值观

期待晋升、领工资赚钱本身并无大错，而玩增值游戏也没有那么困难。相比较于改变生活规律，打破传统价值观更加不易。

从小我们受的教育就是"好好读书，找个好工作，升官，发财"。选择这样的路走下去的人，已经对这套观点十分熟悉，这种观念在他们的头脑中已经根深蒂固。在这样的价值系统里面，人生轨迹是既定的，是近乎标准的。大多数人上学、毕业、找工作、结婚、等待晋升。这套价值观重视的是收入而不是投资。另外的一个重要原因是，晋升给面子和尊严上增添的光彩远比工资的增加有诱惑力，因为这代表着地位的提高，身份的提升。

然而，这些都与金钱的关系不大。要做一个有理财观念的人，就要靠投资赚钱。增值游戏的规则很实用，那就是多赚钱，用较少的时间赚更多的钱。这个游戏的风险中自然包括了颠覆传统价值观的风险，而唯

一能消除这个风险的办法就是将这个游戏玩大、玩好。巴菲特曾经说过这样一句话："市场像上帝，只会帮助那些会自我帮助的人。"既然开始游戏，那就抛开过往，开始自己帮助自己。

苹果公司的创始人史蒂夫·乔布斯在斯坦福大学的毕业典礼上说，他在大学选择了休学，因为上大学将花去他父母的全部积蓄，所以他决定不读完学业，而是休学做自己喜欢的事情。最终他创办了苹果公司。

史蒂夫·乔布斯的选择，成就了"苹果"。传统有时候并不是坏事，但也不见得是好事。至少玩增值游戏的时候是这个道理。

加入增值游戏，做自由的投资人

有理财观念的人与普通人的区别之一就是思考方式不同。当你思考成熟了，决定要成为一个增值游戏的玩家，而不是一个等待晋升的"玩偶"时，你就要开始属于你自己的工作了。开始这样的工作或是投资，或是创业，就意味着你已经是一个自由的人了。或许从前你会说："我要晋升到部门经理该多好。"这时的你就该考虑考虑："谁来当我的部门经理呢？"

有人说世界上80%的人的钱被20%的人用来让自己更加富有。要想成为那20%的人，就要学会抵抗风险，不要惧怕风险，因为每个有理财观念的人都会告诉你，其实风险是可以收回的，根本没有你想象的那么大。开始增值游戏，你的钱就完全属于你，归你控制，在这方面，你自由了。

　　其实，财务的真正安全和自由存在于投资之中。以前你总是为公司发不出薪水而担心，现在的你至少对公司心中有数，而自由则是全方位的：经济上，你的不动产使得你的赋税自由；收入上，你原有的雪球使得你选择它的滚动方向时完全自由，你选择它的增长大小时也是自由的，一切都在你的掌控之中。

财富感悟

　　与其等待晋升，不如主动开始做一个把握自己的人。

　　在增值游戏的世界中，缺少的是玩家，更缺少的是一颗成为优秀玩家的心。

在乎眼前收入，
还是在乎未来收入

普通人说："赚钱要赚看得见的，自己腰包里的才是钱。"

有理财观念的人说："现在能拿多少不重要，只要将来能有更多'钱'途就行。"

张爱玲说："出名要趁早。"而赚钱并不总是赚得越早越好，越快越好。张亮30多岁的时候才开始投资，但赚得了比他想象中要多得多的钱。有人问他赚钱的秘诀和经验，他笑笑说："没有什么秘诀，除了要胆大自信，最重要的是目光长远，千万不可盲目地跟风。不要因为最近什么火就去买什么、去投资什么。到头来，你会发现，所谓'火'的项目只是饮鸩止渴的'毒药'。贪图眼前的利益，得到的往往只是一时、一段时间的财富，通常情况下这时候的财富还远远没有达到它的最大值。只在乎眼前，就意味着放弃了未来。"

普通人往往是穷怕了，所以他们对金钱的渴望更加强烈，他们迫切地希望能在短时间内赚到更多的钱。

他们往往没有足够的耐心和信心等待机会的出现。

普通人喜欢钱，而且更加喜欢近在咫尺、触手可及的财富。

因为没有足够的财富，他们变得斤斤计较、目光短浅。

有理财观念的人则不同，他们看到的往往是一个产品或事物所拥有的巨大潜力。

对于有升值潜力的产品，有理财观念的人们选择将其买下等待升值，而不是着急出售；有理财观念的人选择继续开发，而不是着急放弃。

我们通常所说的价值，应该在全周期的范围内充分考虑有可能的升或者降。有理财观念的人不愿意去计较眼前的收入，因为他们清楚，眼前得到的再多也只是短期的、暂时的。有理财观念的人在乎的是长期的增长着的潜在于未来的巨大财富回报。

"现实"的普通人和"未来"的有理财观念的人比起来，真是有些鼠目寸光了。请记住：一只金蛋并不十分值钱，一只能每天下金蛋的鸡才是你需要的。

思维致富：通观全局，把握未来

着眼于未来的收入，掌握了未来的经济趋势，意味着你可以在将来依然拿到丰厚的回报，这个回报往往是目前收入的数倍。不要被眼前的些许利益所左右。这个时代的有钱人，往往在20年前就知道自己会有钱。

把握未来，对未来抱有足够的耐心和信心

美国有个老太太，准备要卖她父亲留给她的唯一财产——一栋有百年历史的房子。她和女儿一起整理阁楼。女儿发现一堆花花绿绿的纸，本想当作垃圾扔掉，但妈妈看着像是股票，她顿时想起六十几年前她父亲曾经是华尔街的券商，后来在金融风暴中破产自杀。于是，那位老太太拿着股票到证券公司打听，竟然发现有个公司已经找了她六十几年。那些花花绿绿的东西的确是股票，而且还是公司的原始股，那些股票的市值已经多达五十多亿了。老太太立刻变成了那家公司的第一大股东。她不由得感叹她父亲当年为什么没有对自己的眼光多些自信，也多些等待，这样他就不会轻易地自杀了。

老太太的父亲在暂时的失利中无法自拔，太在乎眼前的收入，因而对未来缺乏信心和耐心。缺少信心，让人犹豫不决，举步维艰；缺少耐心，会让人早早放弃，不愿意再多等待一分钟。

另一方面，眼前的都已经成为既定事实，想改变也不可能。对待这样的眼前利益，又有什么必要锱铢必较呢？所以我们应该把目光放得长远些，着眼于未来，特别是一个充满无限变化的未来。

把握未来，预见收入升值空间

普通人看重眼前的收入，很多时候也是因为眼前的收入对他们而言足够诱人，而那些并不多的收入也对普通人有足够大的吸引力。可是往往也就是这样的做法，让他们丧失了赚得更多收入的机会。因为他们没有把目光放得足够远，无法预见那些巨大的增值机会。

腾讯公司的老总马化腾在1998年创办了腾讯公司，并且开发了QQ软件。腾讯公司刚刚建立的时候，可以说是举步维艰，没有投资，QQ软件也被指责有抄袭的嫌疑。就在这时候，第一次网络泡沫席卷了整个中国互联网行业，腾讯当然也不能幸免。在腾讯最困难的时候，马化腾甚至想过以100万出售腾讯QQ来获得资金，从而换取腾讯公司的运营，可是没有一家公司愿意收购。所幸的是，最后马化腾坚持了下来，继续开发QQ。如今的马化腾，身价已经高达几十亿美金。腾讯的资产也在节节高升。

在这件事上，与其说是命运之神帮了他一把，不如说是马化腾的远见留住了腾讯。如果当年他选择了利用出售QQ来换取眼前的收入的话，谁也无法预料腾讯今天能够发展成什么样。他随后或许也看到了腾讯的前景、腾讯的未来，所以才做出了这样一个明智的决定。否则，在这篇文章里，他就是一个反面教材了。

市场预见性在这里起了极其重要的作用。眼前的利益再诱人也只能局限于当下，而有理财观念的人们总可以看到利益背后的巨大损失，他们看重的是未来，他们用自己的远见卓识预见收入巨大的升值空间，所以他们选择坚持。

财富感悟

　　眼前的收入只是一时的，看到未来的趋势才最重要。

　　为了做一个未来的有理财观念的人积极做准备，你才有可能成为一个众人景仰的有钱人。

出卖劳力挣钱，
还是盘活脑筋赚钱

普通人说："多劳动，天道酬勤。"

有理财观念的人说："劳力者受制于人，多动脑子才可以赚大钱。"

做得最多的人肯定不是最富有的人。

动脑筋费脑力的人能够操纵经济主导权；而那些出卖劳动力的人只能被那些善于盘活脑筋的人管理，常常受制于人。依然是那句话，你的老板只是负责发给你薪水，他绝没有把你变成有理财观念的人的义务。

劳动力的价格在我们国家一直维持在一个不高的状态，所以完全靠出卖劳动力挣钱从某种意义上来说，也确实赚不到多少钱。

普通人出卖劳动力，唯一可以提高挣钱数量、加快挣钱速度的方法就是付出更多的劳动时间，无休无止地劳动；

普通人无休止地劳动，他们就没有时间去思考自己究竟需要什么，需要做什么去改变生活；

普通人无休止地劳动，他们就没有时间去学习新技术，通过新技术提高工作的技术含量；

普通人无休止地劳动，他们就没有时间去做其他可以带来额外收入的事情，没有通过外快来丰富收入的途径。

有理财观念的人选择赚钱的方式、赚钱的速度却快得惊人；

有理财观念的人会一天只工作八小时甚至更短时间，因为他们愿意动脑筋去选择更好更快的赚钱方式；

有理财观念的人会在劳动之后选择休息，因为休息是更好的劳动的基础，没有效率的劳动，有理财观念的人们通常都不会去做。

普通人认为这是勤勉，我更愿意把这叫作思想的懒惰。普通人往往不去思考怎样用更少的时间赚到更多钱。他们终日在工作，的确很辛苦，他们也一直抱怨命运的不公，付出得多却收获得很少。他们的想法似乎一直没有改变过，一直以来就愿意用更多的劳动力来获得更多的收入。他们甚至认为除了辛苦工作以外的挣钱方法都是"丢人"的，只有辛勤地出卖劳动力才是所谓的勤劳。

思维致富：活用脑筋，打通财路

在金钱和经济的世界里面，从来都是那些善于动脑筋的人占据主导

地位。只有盘活脑筋，思考怎样的途径适合自己，迎合时代、迎合发展去赚钱，才能走向致富的道路。

盘活脑筋，成功的基本要求

普通人总是通过劳动来赚钱，如果一味地说他们只想做得更多、赚得更多的话，也不免失之偏颇。没有一个人愿意不想成为成功人士，很多普通人也想换一种赚钱快的工作方式，只是种种原因束缚住了他们，使他们在原来的工作上没有更多的选择。其实只要盘活脑筋就能有所突破，机会总是会垂青那些愿意动脑筋、善于动脑筋的人。动脑筋并不意味着一定要会投资、会理财、会炒股。有时小范围的、小规模的生意往往会因为经营者善于盘活脑筋而变得有利可图、有钱可赚。

衢州有一位下岗职工，看到附近许多民工自带饭菜却没有地方热，于是她脑筋一转，立即买来一台微波炉，专门为这些民工热饭，生意很不错。同样的一个故事发生在浙江金华。金华有个百货市场，来往的客商很多。一位下岗女工发现了这样的一个情况：各地前来的客商虽然多，但在他们需要暂时离开时，却常常苦于没有人看管货物。于是她就在集散市场附近开起了一家货物看护店，专门为因事需要暂时离开的那些客商看管货物。她的看护店信誉良好、服务周到，很快就赢得了客户的信任，到她这儿来存放货物的人越来越多。在方便他人的同时，她也为自己赚到了足够的钞票。

盘活脑筋，并不意味着总要去做一本万利的大生意。成功可以从小事情开始，变富也可以从小事起步。想要致富就得盘活脑筋，因为那是成功致富的基本要求。

盘活脑筋，从每一件小事开始

有人会说："我也希望会动脑子，可是没有哪些机会让我去动啊。"其实，动脑子并不需要多大的机会，也并不意味着因为一个黄金点子，你就会成为千万富翁。盘活脑筋，需要从每一个细节开始，从每一件小事做起。

我们常常看到在路边卖各种小吃或食品的小摊位。有这样的一个摊主，无意中听到两个买东西的大学生抱怨晚上下自习课后没有东西吃，出去吃又太远。于是当天她便在晚上十点左右将摊位推到了大学校园的主干道旁，结果收入颇丰。后来这位摊主干脆和校方联系，在道路旁设置了一块可以专门出售小吃的地方。

仅仅是一句话，就让那位小摊主的营业额翻了将近一倍。

处处皆商机，就看你有没有主动盘活脑筋去发现它。

整天忙忙碌碌却又不去思考的人是发现不了商机的。只要你愿意有意识地去思考，能够有意识地盘活你的脑筋，那么从身边的小事做起，从每次投资、每次理财开始，慢慢让自己的脑筋活起来，让财富的大脑转动起来，其实财富离你也没有那么遥远。

付出和回报并不永远成正比。

财富和机会一样，永远垂青那些思维活跃的人，因为那些人愿意去思考如何变得富有。

空想大于实干，
还是实干多于空想

普通人说："如果我做了那件事，我一定能成功。"

有理财观念的人说："不做好这件事，我一定不能成功。"

10年前，有没有人问你10年后你的理想是什么？你肯定回答了很多很多，但10年后，再看一看，你的承诺兑现了吗？

普通人往往没有兑现自己的诺言，而有理财观念的人却往往做得更多。为什么会有这样的差异？

因为普通人总是期待着明天可以怎样，明天是他们最强大的"武器"。想象成功对于他们来说已经足够美好，而获得成功是明天的任务。

而有理财观念的人们则认为明天是变化莫测的，今天的想法只在今天有效。因为今天不执行自己的想法，明天也不可能有机会将它付诸实践。有理财观念的人们正是在忙忙碌碌中不断获得成功。

有一位先生在美国邮政局工作，他很快就对于工作上的种种限制、呆板的作息时间及微薄的薪水越来越不满。他曾经想过利用工作中已经学到的贸易商所具有的专业知识自己做礼品玩具的生意。10年后，他偶遇另一位成功的玩具商人，不胜唏嘘。因为对方几乎是和他同时开始想到做这个生意，并且同时开始了实践的；而他本人，直到10年后还在邮政局上班，依然对现实不满，依然每天都在想自己的玩具生意，只是仅仅想想而已。10年来，他没有为自己的理想做过一件事，所以他仍然在"想"，也仅是在"想"而已。

普通人总是缺乏自律，充满想象。

他们把成功后的情景想象得很美好，却从来不思考创业的艰辛，因为他们根本就不会付诸行动。

他们喜欢以"明天"作为自己懒惰的借口，于是当懒惰再次光顾时，他们只能期待另一个"明天"。

有理财观念的人则充满毅力，成功后的美好不过是他们的原动力，他们更多地关注行动中的细节以及需要努力的方向。

他们总是以"行动"来克制懒惰，因而懒惰也很少光顾他们。

记住：空想主义已经被淘汰了，只有实干才能创造出财富。

思维致富："做"出财富，成就财富之路

行动是命运之笔，今日你的行动画出的线条即是明日之命运。为了让明天更美好，今天就行动吧！

执行创意，才能"做"出成功

肯德基打入中国市场的故事你听过吗？刚开始公司派了一位代表来考察中国市场。在首都北京，他看到街道上人头攒动，内心激动不已，

于是回到公司后尽情畅谈着肯德基一旦在中国站稳脚跟后的美好未来。尽管他提出了许多好听的理论，譬如人口密度大、消费水平不高、成本低等，但是总裁还没等听完他的"美好遐想"就辞退了他，另派了一位代表去考察中国市场。

这位新代表做事的方法完全不同，他可谓是一个很有头脑的人。他首先在北京的几条街道测算出人流量，接着他让不同年龄段的人品尝肯德基炸鸡，并详细地记录品尝人关于味道、价格的意见。最后他对北京的市场做了深入调查，还对鸡的饲养业，北京的油、菜等行业都做了详细的调研，并且把这些数据汇总带了回去。

总公司在经过精确的计算之后，发现中国是一个巨大的利润市场，于是公司又派那位代表率领一队人回到北京。肯德基从此打入中国，而那位代表也成为第一任中国区总裁。

第一位商业代表之所以被解雇，并不是他没有好的创意、好的想法，而是他的意见还停留在空谈上，没有拿出令人信服的行动来证明这个想法的可行性。而第二位代表是想到就做、马上行动的人。他既有让肯德基驻足中国的美好愿望，同时又通过行动来证实了这个想法的可行性。

好的创意并不少见，而把它变成事实的却极少。不要总是抱怨别人的点子你也有过，你之所以没有成功是因为别人的行动你不曾做过。把想和做结合起来的人，才会是最后获得成功的人。

　　要想成为有钱人，必须做到：把握当下，用行动打开局面。

　　把每一个美丽的想象付诸行动，你就是成功的人。

忽略信息，
还是寻找商机

普通人说："现在吃自助的人真多，我也想去尝尝。"

有理财观念的人说："这么多人吃自助，我是不是应该投资一家自助餐厅？"

普通人读报是想寻找可以满足自己的东西，随便一份都可以。

有理财观念的人读报，会找一份信得过的报纸，使自己对这个世界的发展动态保持清醒的认识，寻找合适的商机。

普通人往往注意的是这个月我挣了多少钱，要怎么花，哪儿有适合自己消费的地方。

有理财观念的人则会想如果人们赚了钱，会怎么花，于是通过读报等途径获得大量信息，再综合这些信息，找出商机。

来看这样一个故事：

一位小伙子因帮朋友搬家而想到开办搬家公司。20世纪80年代末王某从新疆一所学校毕业，他学的是热门专业，工作好找收入也高，工作了几年就车房都有了，生活也算安逸，但是他并不满足于现状，一次偶然帮朋友搬家的经历让他有了创业的想法。某天他的一位朋友买了新房要搬家，于是请他和几个小伙伴过去帮忙，由于这位朋友的家具多，一天下来他们几个累得疲惫不堪，搬新家的朋友过意不去花了好几百元

招待了他们。王某回家后就在思考，如果有专门替别人搬家的公司就好了，用搬家公司搬家可以不欠帮忙人情，又能专业、及时搬家，于是王某开办了自己的搬家公司。

商机无处不在，重要的是你如何去获得商机、利用商机。本杰明·费尔莱斯曾经说过："对于我们中的绝大多数人来说，机会并不仅仅只光临一次，它会连续不断地叩击我们的命运之门。然而，遗憾的是，许多时候当它光临时，我们要么是过于专注地聆听它的脚步声而没有察觉它的到来，要么是处于不清醒的状态之中以至于和机会擦肩而过。"有理财观念的人在遇到这些机会时，会想方设法地将它变成自己的商机，然后利用这些机会为自己赚取利益，他们不会放过任何一个机会。

思维致富：利用信息，获取商机

有理财观念的人往往并不急于在某方面投资，他们会凭借商务网络及时地获取最新的商业信息，寻找商机。正确利用信息才能为自己获取商机。做一只井底之蛙只能看到井口大的天空，永远不知道外面的世界是充满商机的。敏锐地捕捉商机，为自己带来利益是有理财观念的人最擅长的事情。

审时度势，把握商机

房地产大王里治曼从小就在父亲的带领下在欧洲做生意，他对社会动态有自己独特的眼光与见解。1977年，美国纽约出现了金融危机，若干财团资金流通不畅，急于抛售产业。里治曼认为这是进军纽约的良机，于是果断地拿出了3200万美元，一连在纽约曼哈顿区购入了几幢商业大厦（今天这几幢商业大厦可值30多亿美元）。收购成功后，里治曼又投资15亿美元，用于兴建纽约世界金融中心，这是一项庞大而又冒险的建筑计划。事实证明他的选择是正确的，数年来世界金融中心已经带给里治曼集团10多亿美元的租金。

直到现在，租金仍是里治曼集团的主要收入来源。这一切都离不开里治曼在商业上丰富的经验和他的独到的眼光以及勤奋努力。

审时度势为里治曼创造了奇迹，也是里治曼能够在各个行业立足的重要原因。充分了解各行业的发展形势，掌握第一手的市场信息，使里治曼成就了他的王国，也是很多有理财观念的人成功的重要原因。

财富感悟

机会对每个人都是公平的，成为普通人或者有理财观念的人取决于你对机会的态度。

要想成为有理财观念的人，就要学会审时度势，把握商机。

第四篇
　　理财：躺着不动的钱，还是钱不停生钱

钱存银行，
还是钱做投资

普通人："钱还是存银行比较好，保险。"

有理财观念的人："财富是一种资本，要拿来投资。"

你的钱财是怎么处理的？

普通人会回答"存在银行"，他们声称自己胆子不够大，追求稳妥，所以他们只能是普通人；有理财观念的人永远不会这么回答，货币对他们来说是资本，不是躺在银行里睡觉的那点钞票。

如果你因此说有理财观念的人胆子大，其实普通人的胆子更大。普通人会把全部的钱用来买日常用品（柴米油盐等），这些消耗品用过之后就再也没有了；有理财观念的人会把金钱当成一种投资的工具，让资本在循环中不断升值。有理财观念的人的钱除了购买商品之外，更多的是拿来购买未来。

有的人会说有理财观念的人敢于冒险，但是，他们是有意识、有目的、有准备地去冒险，他们很清楚自己要的是什么，自己在做什么。普通人是无意识、无准备、无目的，时时刻刻都在冒险，而且他们自己毫不知情，这才是最大的风险。

普通人会说"我只想要稳定"，可事实上，"稳定"是一个虚无缥缈、太不可靠的东西，有时候甚至是一个可怕的陷阱。它会让你的思维凝滞，让你安于现状、故步自封，让你稳定地做一个普通人。

　　普通人和有理财观念的人的区别之一是有理财观念的人允许自己的口袋空，但他不允许自己的脑袋空；而普通人允许自己的脑袋空，不允许自己的口袋空。普通人把钱存在银行里，觉得自己口袋里并非空空如也，就感到安慰。这其实是一种极大的懒惰，他们很少去想如何赚钱、如何才能赚到钱，他们认为自己一辈子就该这样，不相信会有什么改变。很多有理财观念的人也并非是含着金汤匙出生的，但他们有强烈的赚钱意识，这已经是他们血液里的东西，他们会想尽一切办法使自己致富。

　　钱存在银行里是不会长久的，因为普通人的钱最终还是要拿出来消费的。普通人最缺的不是财富，而是创造财富的能力。很多普通人之所以一辈子都是普通人，就是因为他们的钱不是资本，只是用来购买不会升值的物品的。

钱躺在银行里永远不会给你生出钱来。是时候改变你的观念了，不甘心做普通人的人们。

所谓投资，可以理解为让钱生钱，生生不息。不要永远只盯着稳妥，没有付出哪来回报？不要永远只守着缺乏活力的一潭死水，把你手中的钱变成资本吧。

做投资，把钱花在有用的地方

放在银行的钱对普通人来说，暂时是用不着的，而眼睁睁地看着没用的钱就这么闲置着难道不是一种浪费吗？其实，普通人不是不知道投资可以带来利润。那他们在害怕什么？风险吗？对，普通人总是在害怕风险，害怕付出没有回报，于是干脆就不付出，那么当然也就没有回报了。

选择从什么角度去看事物，选择什么样的人生姿态，是每个人的自由，也是每个人的智慧。不过你要知道：看法决定想法，想法决定做法，而做法决定了结果。改变看事情的角度，就是改变做事情的品质。要想成为成功的人，就要告别普通人的思维方式，告别害怕风险、回避风险的消极态度。

你要记得，投资有一定的风险，但会有与之相对应的收益。只有失控的投资才是危险的。

你一开始的态度也就决定了以后的很多事情。你是成功还是失败，这都是每个人早就选择好了的。投资，是一种生活方式，是一种姿态；

而成功，就是或远或近的结果。

或许你很有才华，受过高等教育，可是也许这辈子你只能是一个有才华的普通人。自己辛辛苦苦工作来成就老板的事业，你真的会毫无怨言吗？

你满足于目前的生活状况吗？你真的还想继续把有用的钱花在没用的地方吗？只有对普通人而言，钱财才有可能"没用"。

今天的不成功是由于昨天的错误决定的，那么今天正确的决定就必然预示着日后的成功。请记住这个道理，从现在开始，把你手中没用的钱用在真正有用的地方吧。

做投资，钱追钱快过人追钱

这是个不再讳言财富的时代，如果你渴望成功，并有良好的投资态度，那么你一定不会与财富绝缘。

有一句俗语说得很形象，"人两脚，钱四脚"，这就是说人跑得再快也只有两只脚，而钱生钱，就好比有四条腿，速度自然要比人追钱快得多。

和信集团是台湾的一个大集团，该集团的领导人物是一对叔侄，辜振甫和辜濂松。他们俩前者性情温和，后者雷厉风行。性格的差异决定了他们俩不同的做事风格，当然两个人的资产也就不一样。

辜振甫的儿子也说过，他们两个的差别是很大的，把钱放进他爸爸的手里，钱就出不来了，但是把钱放进辜濂松的口袋里面就会"不见了"。这是什么意思呢？辜振甫喜欢把钱都存到银行里，而辜濂松则会把手里的钱全部拿去投资。

不一样的花钱方式产生不一样的结果，辜振甫的资产远远不及自己的侄儿。积累多少年不能说明你钱财的多少，你赚了多少钱也不能保证你就有多少钱，重要的是如何打理你的钱财。

之前你一定听说过"投资"这个词，但也许你不会太注意，直到你看见投资所带来的回报、所表现出的巨大力量时，你才会有所触动。

当你开始认真考虑这个问题时，也许你的职业投资者生涯就从此开始了。正是从你意识到"投资"这个词的力量的那一刻开始，你的一生就会从此改变。

很少会有人不喜欢成功的感觉。如果你满足于自己的生活现状，守着每个月固定的收入过着安安稳稳的日子，你永远都不会邂逅成功，你就会是一个普通人。那么，从现在开始，检视自己，做一个致力于改变人生的投资者吧。

财富感悟

较之于有理财观念的人，你所欠缺的是投资理财的能力和习惯。你所拥有的一切都要转化为资本，这是你成功的可靠途径。

无须理财，
还是一块钱也得打理

普通人说："理财是有钱人的事。"

有理财观念的人说："小钱同样需要打理。"

普通人一般会认为自己没有多少钱，所以没有必要想投资理财的事情，因此对投资理财的理解很简单。可是他们没有想到，如果不理财、不使固有资产增值的话，那么他们的固有资产无疑每天都在缩水，因为通货膨胀每天都在发生。大家看看最近物价上涨的情况就可以知道了。半年前10块钱可以买到的东西，半年以后的今天可能就要用20块钱去购买，所以不理财的危险性其实很大。

从经济学的角度来讲，理财就是解决各个经济主体如何在当前与未来取得资源、分配资源和运用资源的问题。它包括对"钱财"的"筹集""运用""增值"三个方面，目的在于以最低的成本筹措资金，以最大的效益运用资金、取得最大的利润收益。这是一门非常有趣、非常优美，也非常有用的学科。不要去排斥它，尝试一下吧。

通俗地说，理财，就是处理钱财。理财的最终目的是积累财富，提升生活水准。据说，世界上的有理财观念的人，有1/3靠继承财产、1/3靠创业、1/3靠理财。你难道不想成为最后1/3中的一员吗？他们是靠理财成为有理财观念的人的，而不是成为有理财观念的人之后才开始理财的。

一般来说，理财观念有三大误区：第一，认为理财是有钱人的事情，小钱不用打理，也不值得打理，这是大部分普通人的想法；第二，对很多理财产品存在偏见，认为某些理财方式是骗人的；第三，不能正视风险，而忽略风险与收益往往是密不可分的。

面对着风起云涌的经济形势，面对着这个价格高涨的时代，没钱的困惑会让更多普通人思考如何将手中有限的钱通过理财再生出更多的钱来。与其说这是他们理财意识的觉醒，不如说这是在中国经济现状推动下的一种必然趋势。从最初单纯的储蓄到风云变幻的炒股，再到群情激昂的买房，直至当下时尚的基金。一时间，理财就像空气一样，无所不在。可以说，中国的全面理财时代到来了，无论钱有多少，你都要学会打理。

思维致富：我不理财，财不理我

不管财富多少，一定要学会理财。一块钱也是钱，也要认真去打理。只要你热爱理财，它就会给你同等的关注。

打理小钱，你要认识理财

一天，一位理财师在做理财演讲时，发现听众里有一位中年妇女满面愁容，在一群人中特别显眼。一群人围着理财师咨询各种问题，可那位妇女远远站着，不敢靠近。等人走得差不多了，她才怯生生地走过来，她拿着一个很破旧的包，穿着一双非常旧的鞋。她介绍了自己的收入状况，说她一个人带着孩子生活，一个月最多只能剩下几百块钱，根本没财可理。

理财师说，法律从来没有规定钱少就不能理财，越是钱少越应当及早规划。她不是没有钱，而是资本不足。这绝不是问题，她完全可以通过正确的消费安排和坚持储蓄来筹集资本。如果她坚持每月存300元钱，并用这些钱长期投资，如果年收益率在10%左右，那么30年之后将变成655000元。

理财是你生活的一部分，不要躲避和彷徨，而要勇于面对。钱不嫌多，也从不嫌少。没钱投资并不可怕，因为世界上所有的有钱人都是从没有钱或钱很少时开始赚钱的。可怕的是你在思想上认输了。你认定自己没钱，也不能挣更多的钱，于是，你就会像没钱人那样生活，拼命压缩一切开支。这就好像一个农民为了节省粮食和种子，连地都舍不得种了。这样你的钱就不会再去生钱，你也会坐吃山空，越来越穷。

其实，有很多人，包括有些正在理财的人都误解了理财的含义，他们以为理财就是投资甚至是投机，认为只要把手中的钱作为增值的工具，让钱为自己工作，实现资本的利润最大化，就是成功的理财。事实上，这只能算是理财中比较重要的一部分，而不是全部。这种误解也正是很多普通人不敢理财的原因，他们害怕一旦失败，生活会失去保障。

打理小钱，你要这样理财

有个小闹钟摆动的故事说的是，一只新闹钟被买了回来，正开始准备工作的时候，老闹钟对它说："你的分针一年要摆动525600次。"听着这么庞大的数字，小闹钟吓坏了，觉得自己肯定完不成那么多摆动，一定会失败。这时候，另外一个老闹钟看见了，便安慰小闹钟说："不用紧张，只要一下一下简单摆动就可以了，没什么大不了的。"

小闹钟还是挺迷惑的，它试着开始了自己的工作，摆动了一下小针，觉得很轻松，于是就这样摆着摆着，不觉间，就已经过了一年了。

这个故事很好懂，我们遇到困难的时候也是一样，也许只是你的眼睛把问题放大了。事实也许并非如此，只要你根据实际情况，一步一步地走，慢慢就会实现一步一步地目标，这样最终的目标也就不远了。

也许你觉得理财投资是很难的事情，其实，只要你坚定自己的目标，一步一步地从小事做起，就有可能完成自己觉得不可能的事情。

除去你存在银行中保障基本生活的那部分钱财，剩余的你就应该拿来投资了。也许你会说自己的资本太少，不知道能做什么。但投资的资本来源既可以是通过节俭的手段增加的，如每个月工资收入中除去日常消费等支出后的节余；也可以是通过负债的方式获得的，如借入贷款等方式；还可以采用保证金的交易方式以小搏大，增加自己的投资额度。只要你想做，办法总是有的；只要你不想做，借口也总是有的。

具体来说，投资可以分为如下类别：金融市场上买卖的各种资产，如存款、债券、股票、基金、外汇、期货等；在实物市场上买卖的资产，如房地产、金银珠宝、邮票、古玩收藏等；或者实业投资，如个人店铺、小型企业等。

　　具体该选择哪种投资方式，要根据个人具体情况而定。相信聪明的你会根据自己的能力，制订出一个适合自己的投资方案。

▌财富感悟

　　理财与每个人的生活息息相关，你不理财，财不理你。

　　要从观念上改变"不去做"的态度，选择最适合自己的理财方式。

买彩票，还是持有股票

普通人："哪天我运气好了，说不定会中五百万呢。"

有理财观念的人："我会努力让我的股票升值。"

为什么彩票现在这么流行？不过，有理财观念的人是不会去买彩票的。

"死脑筋的人相信命运，活脑筋的人则相信机会。"普通人都想致富，他们想一夜之间富起来，有什么办法呢？只好去买彩票了，因为他们想不出更好更快的办法。

他们一次次地期盼，然后一次次地失望、沮丧。每一次他们都安慰自己：我差一点儿就中奖了，下次，下次一定会有好运气的。如果说他们较有理财观念的人而言，缺少的是不敢想也不愿去想的精神的话，你又怎么解释他们竟然想象自己真的能够中奖？又怎么解释他们竟敢把改变自己一生的希望都寄托在命运上？那虚无缥缈、不可捉摸的命运！他们深信或是奢望自己有异乎常人的运气，自己将是唯一的幸运儿。

仔细想一想你就会发现，买彩票只是普通人的游戏，大多数彩民的兜里其实都没几块钱，真正有钱的人是不屑于买彩票的，他们玩的是比彩票更具风险和诱惑力的游戏，比如股票。

以普通人的经济状况来看，一旦遇到疾病或自然灾害，他们立马会一贫如洗。之所以选择买彩票这种方式，原因之一是他们心理懒惰，不肯动脑筋去想一些有效的方法。

难怪，牛顿面对失败，只能仰天长叹："我能计算出天体的运动速度，却无法测量人们的愚昧程度。"

有的人之所以富，他们有一个共同特点就是勤奋，敢想敢做。所以，还在买彩票的人，不妨自己去试试看吧，让自己的心理和行为一起改变，也许明天你就与众不同了。

思维致富：选择行之有效的投资方法

既然渴望财富，就不能把希望寄托于彩票。早日行动起来，采用行之有效的投资手段，让希望变成看得到的现实吧。

彩票永不可靠

有一天晚上，妻子做了个梦，梦到了一组号码，于是第二天早上让丈夫去买彩票。丈夫随口答应了，也确实买了。开奖之后，他们买的那个号码确实中了头奖500万，只可惜是另一种彩票的头奖号码。原来，他们家楼下有两家投注站，丈夫下楼后就随随便便在离他站的位置比较近的一家彩票投注站买了那组号码。结果出来之后，他们家好久不得安宁。

命运跟他们开了很大一个玩笑对吧？这能怪谁呢？怪命运还是怪他们自己？有的人总是漫不经心地建造自己的生活，对于任何事情，他们都不积极行动，而是消极应付。做事情时，他们不肯精益求精，在关键时刻也不会尽最大的努力，而是一遇到挫折就退缩。他们对现状不满却不肯努力。

其实，热衷买彩票的人心里也明白，中500万的概率比家里出个高考状元的概率还要低，自己真有那份运气就不会是普通人了。但是正如有人所说的那样：希望是大多数人的精神食粮，他们总是怀着"也许下一个幸运儿就是我"的期待一次又一次地走进投注站。

一次一次的失望之后，他们会说"算了，我天生就没有富有的命的命"，这句辛酸的略带自嘲的话一语道破了大多数人的想法。他们在遭受了多次挫折或者失败之后，就会把自己的失意归结为命运的安排，命不好成了他们的最终借口。但是命运又是什么呢？没有人能够说得清楚。如果说有钱人生来就该有钱，而普通人生来就应当受穷，那你又该如何解释那些由穷变富和由富变穷的例子？所以，要时刻记住：生活是自己创造的，不要再把人生的希望寄托在一个遥不可及的梦上了。

跟风投资，
还是坚持自己的判断

普通人："别人都那么做，我也去试试。"

有理财观念的人："我相信我自己的判断。"

"枪打出头鸟""木秀于林，风必摧之"，这是普通人经常挂在嘴上的话。受这种思想影响，他们很少有自己独立的个性。他们相信"法不责众"，通常选择跟风走、随大流，追求明哲保身。然而，市场经济是以自由、平等为基础的，而自由、平等必须以独立为前提，独立则必然要凸显个性。这是一个独立、自由、张扬个性的时代，人云亦云是不会成功的。

人们之所以投资，是想改变目前的经济状况。可是，长久以来，很多人都被金钱匮乏而引起的恐慌所吓倒，这种恐慌占据并且主宰了他们的生活，进而影响到他们对金钱和风险的态度。人们的感情经常操纵着他们的生活，恐惧、怀疑这样的情感会导致他们缺乏自信。于是，他们在投资时也不肯相信自己，总是跟在别人后面行动。

做人尚且不可以毫无主见，更别说投资了。如果你习惯性地跟风，那你就有可能形成思维定式，一直没有自己的主见，或者即便有，也不敢表达自己的意见。这样的话是根本不会成功的。

如若你总是举棋不定，总是觉得人多的地方才安全，那么你只能碌碌无为。如果你不相信自己是一个了不起的人，不相信自己的判断会正确，那么，你就不会成为一个有理财观念的人。

有理财观念的人相信自己的判断，因为他所做出的每一项投资决定都是经过深思熟虑、结合自身的实际状况制订的。他们头脑清醒，自信坚决，怎么可能因为别人的做法，或者是莫须有的一个消息就改弦易辙呢？

思维致富：坚持己见，成功触手可及

投资贵在有条不紊、坚持不懈。可以去模仿别人、学习别人，但不要照搬。

可以模仿，不要跟风

一个高中生辍学回家务农，但仅凭几亩田的收入根本养活不了一家人。正在他发愁的时候，村里一家农户引进了良种西瓜，那一年西瓜的收成很好，价格也不错，那家农户当年就盖了一座小洋楼。村里人很羡慕那家农户，当然，也包括他在内。第二年，很多人去那家人那儿取经，但当得知前期投入很大时，很多人都犹豫了。他也在想要不要再等一年，如果西瓜真挣钱再种也不迟。

又过了一年，前一年种上西瓜的农户也盖起了小洋楼，乡亲们再也坐不住了。于是在第三年，他和乡亲们一起买种子、肥料和地膜，结果当年西瓜大丰收，但是种的人多了，西瓜价格大跌，所有的人都血本无归。

盲目跟风终究是不行的，就算侥幸得了便宜，最终还是要吃亏的。跟风只是跟着别人去做，却没有自己的主见。当大家都在排队抢一个东西的时候，谁看见哪个富翁也在？试问有哪个富翁是在哪里排队排成功的？

不管是办企业还是炒股票，甚至是日常生活，都可以模仿，但绝对不要跟风。这个世界永远都在追求秩序、追求平衡。每一样东西都有其位置，而且每一样东西都要在其相应的位置上。盲目跟风，人云亦云，人做我也做，大家一窝蜂地朝一个方向跑去，难免破坏秩序，这是不符合游戏规则的。

所以，准备投资或正在投资的普通人们，应该看看有理财观念的人是怎么做的，借鉴他们成功的经验，模仿他们的决策，不要再跟在别人后面跑了。

自己判断，获得成功

曾经有一段时间可以免费注册域名，一个名叫Tim Lee的大四学生也为自己注册了一个。当然他的做法在当时得到了大家的嘲笑，大家都不明白，注册这么一个域名能用来干什么。但是一年之后，很多人都想买这个域名了，每周多达好几个人，而且连航空公司都有。这个学生看到了这个东西的价值，都没有答应下来。最后他以300万的现金把这个域名转让给一家消费品生产商。这家公司和Tim一样都遭到了大家的嘲笑，大家也不明白那个公司干吗要花那么多的钱去买一个域名，大概是钱多得没处花了吧！可就是这家公司把这个域名的价格翻到了3800万美元。

自己看好的事情，就努力去做。别人一时还未看明白，这正是你成功的机会。真正有价值的东西，要通过时间来慢慢体现。真正的聪明人，一定是有立场的人。

按照一个可行的程序去做，不要打乱了自己的计划，不要违背你起初制订好的成功程序。当你背离了你的计划、改变方向时，财富就会远离你了。

很多投资人买了股票和基金后，很放心地放在那儿，不去管它，一年或几年后再看，一定涨了很多。很多人买了股票很多年都还在成本区，因为他们不停地在换，他不肯给当初的判断一个证明自己的机会。

如果当初他们买一只好股票后不动，也许早就进入收益区了。

财富感悟

根据你自己的实际情况做出自己的判断，不要再盲目跟风了。
总在别人后面追随，永远也跑不到前面去。

微信扫码

☑拓展视频 ☑图文资讯
☑趣味测评 ☑阅读分享

幻想暴富，
还是耐心浇灌摇钱树

普通人："我要是一夜之间变成富翁该多好啊。"

有理财观念的人："财富是积累起来的，在投资中增值。"

曾经有几个故事广为流传：一个老太太的父亲买了可口可乐公司的股票，几十年后，老太太在一次偶然的整理中看到了股票。于是一夜之间，她成了亿万富翁。后来在中国，又出现了一个这样的老太太，她买的是长虹公司的股票，同样是一夜暴富。

这些故事被人们疯狂地传播着，大家的心里都充满着嫉妒和狂热，恨不得那个老太太就是自己。这就是典型的普通人的想法。普通人太多了，他们想要富足的生活，却不知道该怎么去改变自己的困境，于是便盲目相信这些概率等于零的故事。

幻想暴富的人，总是寄希望于虚无缥缈的"意外"，而非脚踏实地的"努力"。所以他们只会与成功背道而驰。即便有那么极少数的一些人，确实侥幸地通过这些碰运气的行为得到一大笔钱，暂时地成为有钱人，但他们还没有真正地成功。不继续增加积累的话，他们的财富总有一天会枯竭。只有消耗，没有供给的口袋只会逐渐瘪下去。

有的人知道财富是一点一点积累起来的，因而他们不会幻想一夜暴富。单纯地幻想毫无意义，除非你付诸行动。否则，你只能日复一日地重复着自己的幻想，财富只会在远方，如同海市蜃楼、镜花水月。

你之所以一直是普通人，是因为你不断地拥有梦想，或者说是不现实的想法，看到的却多是障碍；而成功的人呢，他们全力以赴地追求财富，付出的是百分之百的行动，看到的是一个又一个的机会。他们耐心而又细心地浇灌着摇钱树，怎么会不拥有聚宝盆呢？想法不一样，看到的机会也就不一样；行动不一样，得到的结果也就不一样。

思维致富：种上摇钱树，才有聚宝盆

不要再做不切实际的美梦了。既然是梦，总会醒的，越早醒来越好。还不如踏踏实实地做点事情，才有富起来的可能。

浇灌摇钱树，让成功的梦想开花

有钱人绝不相信仅仅凭借运气就会成功。一位魔术大师在国王面前表演魔术，他的精彩表演使得国王大为赞赏。国王惊叹道："这是多么神奇、多么伟大的天赋啊。"可是一位大臣打断他的话说："陛下，大师不是从天上掉下来的。这位魔术师的技艺，是他勤奋练习的结果。"

1938年，两位斯坦福大学的毕业生惠尔特和普可德在寻找工作的过程中，看到许多人因为找不到工作而走投无路的窘态，便决心自己创业，为别人创造工作机会。刚开始，迎接他们两个人的是挫折和别人的嘲讽，他们研制的显示器更是无人问津。

但他们毫不气馁，夜以继日地研究、改进显示器的性能，并且四处奔波去推销产品。在企业刚有起色时，普可德感觉到微电子产业是未来工业的希望，于是他们决定到"硅谷"创业，并以微电子作为企业未来的发展方向。1972年，他们研制出世界上第一台手持计算器，成为微电脑的重要组成部分。1984年，他们又研制出激光喷墨打印机。今天，他们的企业已经成为全世界微电子工业最重要的电子元器件、配套设备供应商之一，总资产达310亿美元。

惠尔特和普可德创立的企业就是大名鼎鼎的惠普公司，他们创立惠普时，手里只有538美元！这不能不说是一个奇迹。他们能走向富有，靠的既不是运气，也不是单纯的想法，而是踏踏实实的行动。

有的人总是在欺骗自己：只要怀有梦想，即使不努力，总有一天凭借好运也会把梦想变为现实。他们似乎不知道，这种想法对他们自己是一种巨大的伤害，这几乎完全关上了他们成为有钱人的大门。

那么，你打算什么时候开始行动去做那些你梦寐以求的事情呢？

财富感悟

有的人总是想得太多，准备得太多，做得太少。

成功是结果而不是意图，是行动而不是幻想。要迅速行动起来，从某个地方做起，创造财富。

第五篇

交际：善于结交有能力的人

争夺小利,
还是把利益让给对自己重要的人

普通人说:"我锱铢必较。"

有理财观念的人说:"我慷慨大方。"

在现实生活中,我们往往会遇到这样的人,为了眼前的蝇头小利机关算尽,那么你是这样的人吗?如果是,那不好意思地告诉你,你将一辈子是个普通人。

有的人的想法则与普通人相反,他们往往"慷慨大方",即使到手的利益也会拱手让人,似乎是傻瓜一个。但我们会发现这些人有一天忽然身份一变成为令人羡慕的人。这就是他们与普通人的差别!

有的人懂得利益最大化这个原则,他们往往习惯用最小的利益取得最大的收益。

他们知道,眼前的小利是自己收获更大利益前的一项投资。

他们了解"舍不得孩子套不着狼"这句谚语中包含的经营手法。

他们更明白,对自己来说重要的人能给自己带来巨大的收益。

所以,他们往往把利益让给对自己重要的人,甚至自己掏腰包变相地将利益转给对自己重要的人。

但普通人不明白利益最大化的道理,因此他们往往为拿到眼前的小利而欢欣雀跃,殊不知自己在无形中丧失了获得更大利益的机会。

普通人不知道用眼前的小利为自己做投资,不相信投资1块钱将来可以拿到100块。

普通人不了解这个道理，他们只知道紧紧抓住眼前的小利不放手，殊不知却失掉了赚大钱的机会。

有的人更不明白，让利给对自己重要的人会给自己带来巨大的回报。

因而，普通人为眼前小利算尽机关，一辈子只是普通人。

上述两类人在对待利益上的差别实际上反映了两类群体的不同眼光，有的人能够从长远利益规划自己的行动；而普通人则目光短浅，斤斤计较眼前得失。其中优劣不言自明，普通人永远跳不出贫穷的窠臼，而有的人则变得越来越富。

成功的经验告诉我们：不要吝啬眼前的小利，把它让给对自己重要的人，那么你的财富梦想终有一天会实现！

思维致富：学会用"利益"创造"资本"

"天下熙熙，皆为利来；天下攘攘，皆为利往"，在熙熙攘攘中，在利来利往中，怎样才会无往不利，迅速积累财富呢？首先就要学会让利，"舍不得孩子套不着狼"的谚语实在是至理名言。

让利：成功赚钱的窍门

让利，尤其让利给对自己重要的人，实在是一项回报率极高的投资。犹太商人的代表——19世纪崛起于法国，后又控制世界黄金市场和欧洲经济命脉长达200年之久的罗斯柴尔德家族，即是运用这一手段迅速发家致富的。

罗斯柴尔德家族从16世纪起定居于德国法兰克福的犹太区，直到18世纪才开始发迹。使这个古老的家族开始兴旺发达的，是梅耶·罗斯柴尔德。

罗斯柴尔德清楚地意识到，接近手握大权的领主并博得其欢心是在这个犹太人备受歧视的社会里脱颖而出的最有效的手段。一次偶然的机会，他获得了当地有名的比海姆公爵的召见。公爵喜欢收集古币，罗斯柴尔德就把自己花了很多心血、高价收集的古钱币以低得离奇的价格卖给公爵，同时还极力帮助公爵收集古币，并经常为他介绍一些能够使其获得数倍利润的顾客。如此一来，罗斯柴尔德与公爵的关系逐渐演变为带伙伴意味的长期关系，远非普通的买卖关系。

为了能够得到发展的机会，当遇到贵族、领主、大金融家等人物时，他总是甘愿牺牲利润，为他们提供服务。为此他得到了在宫廷出入的自由，但是也囊中空空了。功夫不负苦心人，罗斯柴尔德的努力终于有了回报。25岁那年，他终于获得了"宫廷御用商人"的头衔。从此，罗斯柴尔德家族开始发迹并走上世界经济舞台。

为了得到长期的利益，就必须在开始的时候让对方尝到他一辈子也忘不掉的甜头。舍小利获大利，这就是成功的秘诀。

积少成多、让利于民：积累财富的有效途径

沃尔玛创始人山姆·沃尔顿的成功靠的就是"积少成多""让利于民"的策略。

1962年，山姆·沃尔顿在阿肯色州乡村创立了第一家商店。当年，沃尔顿对其商店的定位就是针对中下阶层消费者，经营服装、饮食以

及各种日常杂用物品，最重要的是以低出其他商店的价格让利于民地出售，因而吸引了众多顾客。这种"天天低价""天天让利"的做法使商店越开越多。沃尔顿有句名言："不管我们付出的代价多大，如果我们赚了很多，就应当转送给顾客。"如今，沃尔玛在美国拥有约3500家连锁店，其他国家拥有1100家，全球雇员1200多万，是一个强大的企业帝国。

其实普通群众才是社会的主要力量，沃尔顿正是明白了这一点，才会做出这样的决策，让每个人得到一些利益，从而使自己取得更大的利益。

▌财富感悟

想要成为有钱人，就必须记住：在面对对你重要的人的时候，要舍得让利于他。

不要斤斤计较，因为你所让的利有一天会给你带来加倍的回报。

爱惜面子，
还是让自尊有弹性

普通人："人活一张脸，树活一张皮。"

有理财观念的人："死要面子活受罪。"

你有没有见过这样的人：穿几百元的皮鞋，里面的袜子却破了一个洞？

还有没有见过这样的人：穿几百元一双的袜子，外面套一双几十元的布鞋？

肯定见过是吧？其实这样的人不算少。

有的人为了自己的面子，往往把精力用在怎样保持自己的光鲜外表上，这无形中消磨掉了其干一番大事业的精力。

在工作中，他们往往会为了面子刻意保持自尊，保持一种不屈于人下的姿态。所以，在机会来临时，他们往往会因为舍不得屈尊，而丧失机会，进而也就与飞黄腾达失之交臂，最终只能陷入这种为维护自己的薄面而继续奔波劳累的怪圈中。

有的人则不同，他们的自尊是有弹性的。

他们也会维护自己的面子，但是当面子与事业相抵触时，他们往往会选择事业。

为了事业，他们可以适时地放下自尊，可以做一个"厚脸皮"的人。

当大部分人为了面子而丧失成功的机遇时，他们却在用面子为自己创造成功的机遇。

当大部分还在为了面子而奔波时，他们却已经在用自己的财富为自尊做门面。

所以请明白一个道理：当面子可以换来成功和财富时，就把我们的面子当资本吧！

思维致富：学会用"面子"创造"资本"

面子在有的人那里成为成功的绊脚石，但在有的人那里却可以成为成功的助推器。想要成功，想要发财，那么请让你的自尊变得有弹性吧！

为财富而战：适时地放下面子

世界巨富福勒在小时候家境并不好，为了生计他5岁就开始参加劳动，9岁时就像大人一样以赶骡子为生。家境的贫穷与生活的艰辛并没有使年少的福勒丧失生活的信心，反而激发了他想成为有钱人的欲望。经过几年的锻炼，他最终选择了肥皂业作为自己的事业。

于是，他开始像我们现在很多推销员那样，挨家挨户地推销肥皂。经过12年的努力，他终于存下了25万美金。

这时，福勒获悉供应他肥皂的那家公司要拍卖出售，售价是150万美金。福勒兴奋极了，他知道机会来了。于是他与那家公司达成协议，先交24万美金作为保证金，然后在10天之内付清余款。否则，那笔保证金将不予退还。

此时的福勒决定"背水一战"，他开始积极筹钱。在12年的推销生涯里，福勒凭借良好的信誉与辛勤的努力在行业内建立了很好的人缘，他从朋友那儿筹得了115万美金，只差1万美金了。可是，那时已经是规定的第10天的前夜，而且是深夜。所以那1万美金在此时不只是个小数目，还是具有决定性的关键。

功败垂成，在此一搏了。福勒在深夜再次走上街头，去寻找那1万美金。他驱车走遍61条大街，直到在一幢商业大楼看到一道灯光，那时已是深夜11点。福勒走进那幢商业大楼，在灯光里看到一个由于工作而疲乏不堪的先生。为了顺利履行那份购买肥皂公司的协议，福勒此时已经顾不得什么矜持、面子了。他大胆走上前去对那位先生说："先生，您想赚到1000美金吗？"

"当然想……"

"那么，请给我开一张1万美金的支票，等我归还您的借款时，我将另付您1000美金的利息。"福勒接着向这位先生讲述了自己面临的困境，并把有关的资料让那位先生看了一下。

最终，福勒拿到了用自己的面子换来的1万美金。

福勒的机遇也终于在那天深夜降临，此后即一发不可收拾，他最终迈进世界巨富的行列。

福勒的成功历程告诉我们，适时地放下面子，成功就在不远的前方。

为财富而战：做一个厚脸皮的人

享誉美国的寿险推销大师甘道夫，是历史上第一位年销售超过10亿美元寿险的成功人士。他成功的秘诀就在于，为了拓展自己的客户资源，他每次都"厚着脸皮"向别人讨要3个客户。

"请您告诉我3个您朋友的名字，好吗？"这句话看似简单，但真正实践起来却并不容易，并不是所有的人都会答应这种要求，因为毕竟人都有戒备心，在别人并不确定你是好人之前，你不可能从别人口中获得你要的3个人名。在这种情况下，你就需要发挥"厚脸皮"的精神，一定要让别人看到你的诚意。赢得了别人的信任，那你的要求也就很容易被满足了。

像甘道夫那样发挥"厚脸皮"精神吧，也许下一个富翁就是你！

财富感悟

想成为有钱人就必须记住：人是为了自尊而活，但不是为了自尊什么都不做。

微信扫码

☑拓展视频 ☑图文资讯
☑趣味测评 ☑阅读分享

嫉妒比自己强的人，
还是学习比自己强的人

普通人："不就有那么点本事吗？有本事的人多了。"

有理财观念的人："强者自有强于他人之处，所以要学习之。"

子曰："三人行，必有我师焉。"

这句话的意思是，三个走在一起的人，其中必定有可以做我老师的人。换句话说就是，每个人都有值得我们学习的地方，在你不知道而他知道的这方面，他就可以做你的老师。孔子这句话其实是告诉我们，一个人要端正学习的态度，善于向别人学习，虚心地向别人学习。

承认自己强于他人要远比承认他人强于自己容易得多，更不用说还要向强于自己的人学习了。从心理学角度来看，这是人的一种正常的心理定式。

普通人往往屈服于这种心理定式，成了这种心理定式的奴隶，所以他们永远处于一种无知和被动的状态，也就无法充实自己。

他们往往不是向强于自己的人学习，而是嫉妒比自己强的人。

而有理财观念的人在面对比自己强的人的时候，态度则完全相反。

他们不但勇于承认他人强于自己，而且还把比自己强的人当成目标。

他们面对比自己强的人，不是嫉妒，而是将他们作为自己的学习对象。

思维致富：善于从"强人"那里获得"资本"

当今的社会是个盛行强强联合的社会，企业如此，个人更是如此。企业强强联合讲求的是一种联合效应，获取的是规模效益；个人强强联合讲求的也是一种联合效应，获取的不仅仅是规模效益，更是一种无形资产。

擦亮双眼：善于发现身边的强人

也许你会问，这个世界强人不多，如何才能知道在我身边的这个不起眼的家伙就是强人呢？其实只要你擦亮双眼，随时都可以发现身边的强人，进而向强人学习，实现强强联合，达到联合效应。

艾伦是一个音乐爱好者，同时对天文学也充满兴趣。有位金发男孩，比他低两个年级，经常到班里来找他。因为艾伦的父亲是图书管理员，金发男孩要通过他借一些最新的电脑书籍。在借书还书的过程中，艾伦喜欢上了这个金发男孩，并经常跟他出入于学校的计算机房，一起玩编程游戏。临毕业时，他成为一个仅次于金发男孩的计算机高手。

1974年寒假，艾伦在《流行电子》杂志上看到一篇文章，是介绍世界第一台微型计算机的。艾伦拿着那本杂志去了哈佛大学，见到那位金发男孩，将"放在家里的计算机问世"的消息告诉了他。当时的金发男孩正陷入在"是继续学法律，还是搞计算机"的苦恼中。当《流行电子》杂志上的那台所谓的家用电脑画面展现在他面前后，他斩钉截铁地对艾伦说："你不要走了，我们一起干点正经事。"

于是，艾伦就在那里住了下来，并且一住就长达8个星期之久。在这段时间里，艾伦和金发男孩夜以继日地忙于Basic语言程序的编写。这套程序可以装进那台名为Altair8008的家用电脑里，并且能像汽车制造厂的大型计算机一样工作。

当他们二人带着这套程序走进那家微型计算机生产厂家时，竟然获得了3000美元的基价，厂家答应他们以后每出一份程序拷贝，付30美元的版税。

自此，艾伦和金发男孩再也没有回到学校。3个月后，一家名为微软的计算机软件开发公司在波士顿诞生，总经理为金发男孩——比尔·盖茨，副总经理是保罗·艾伦。

今天的微软公司已成为世界上的一个巨无霸，总经理比尔·盖茨已成为世人所共知的世界首富。艾伦在比尔·盖茨的巨大光环下，虽然有些暗淡，但在《福布斯》富豪榜上也名列前5位，个人资产达210亿美元之多。

从艾伦成为巨富的故事里，我们可以得到这样的启示：与一个注定要成为亿万富翁的人交往，你怎么可能是一个普通人呢？你与之交往的人就是你的未来，因此在生活中我们要擦亮双眼，善于发现那些优秀的人，并积极主动地和那些优秀的人接触。

欣赏强人：强者不仅仅是对手

在普通人看来，比自己强的人必定是自己的竞争对手，因而他们很难走近强者，在心理上也往往嫉妒强者；而在有些人看来，强者可能是自己的竞争对手，但强者更可以是合作的对手，是可以给自己带来资本的对手。所以他们往往会欣赏强者，在相互竞争中向强者学习。

如果你一味地嫉妒别人的才华，而想尽办法打击别人的话，你可能就陷进了无休止的斗争中，成为一个小人，而不能提高你的能力。欣赏你的对手，看到你不如人家的地方，提升自己，找到克服弱点的办法，这样你在不知不觉中就可以不断进步，不断提升。

打击别人，并不会让你变得更强大，反而只会让你降低战斗力。所以，请试着去欣赏强者，诚恳地向他们请教、学习，因为强者不仅仅是竞争对手，更是你可以学习的对象。

试想一下，如果你遇到了比尔·盖茨，那么你是花费时间来嫉妒他的富有和才能呢？还是抓住机会向他学习？

答案毋庸置疑，当然是后者！

财富感悟

想成为成功的人，就必须记住：身边的强者也是一种社会资源，所以遇到强者时我们需要做的只是向他们学习。

向强者学习，首先要抛开杂念，在内心深处要欣赏强者才能做到真正向强者学习，进而提升自我。

无事八卦，
还是讲究沟通

普通人："我喜欢谈论张家长李家短。"

有理财观念的人："我喜欢与人真诚沟通。"

你大概听说过这样一个相声吧。马季家里的老母鸡下了个蛋，但是这个消息经过几个热心人的传播就成了以下的版本：

在第一个人那里，消息变成了马季下了个鸡蛋；消息经过第二个人传播后就成了马季下了个鸭蛋；到了第三个人那里，就成了马季下了个鹅蛋。

马季之所以能"下蛋"，全靠这几个热心人的"帮助"。

在现实生活中，你是否也是这样的人呢？一个人一旦陷于这种八卦新闻的传播中，那么离成功就会越来越远，而离失败就会越来越近。

普通人往往见风就是雨，不去辨别信息的真假，而且往往会选择性地漏掉一些重要信息。

普通人在听到消息后，还会添油加醋地按照自己的解释来传播，往往造成信息的进一步歪曲，甚至夸大。

而有些人则不同，他们讲究的是沟通。

他们在接收信息时，往往会对信息进行确认以辨别真假；在听消息时，会全面地了解信息的来源。

他们在听到消息后，往往也是如实地传播消息，从不添油加醋。

他们在和他人沟通交流时，往往也习惯于这种思维，以真诚的沟通获得他人的信任，从而获取发展的机遇。

而我们周围成功人士的经验也告诉我们，和他人真诚沟通，换来的将是声誉和财富。

如果想成功，那么就让八卦在你这里停止吧。

思维致富：善于用"沟通"创造财富

当今社会的发展，需要人与人之间建立广泛的合作关系。学会沟通、相互配合，是高效、高质量完成任务的关键，只有通过沟通加深相互间的了解、达成共识，才能把握成功。

真诚：良好沟通的基石

有一位顾客问服装店的销售员："这件衣服我穿上怎么样？"

"不错，很好。"那位销售员回答道。

然后，顾客又试了一件裁剪样式和颜色完全不同的衣服："这件衣服呢？"

销售员连头都没有抬，随意附和道："也挺好的。"

这位顾客看到这里，心里多少有点明白了。但是她不动声色地接着又试了几件衣服，然后再问销售员衣服怎么样。

她听到的回答还是一样的："也挺好的。"

连续这样几次之后，这位顾客对这里的衣服已经没有什么真正的兴趣了，即使真有合适的衣服，这位顾客也没有买的情绪了。顾客后来连续试衣服，只是想进一步确认一下这位销售员的态度，她明白了这个销售员的虚情假意，因而明白从销售员眼里是看不出衣服是否真的合适的。销售员不愿意真诚地给顾客提建议，他只想着卖出一件衣服就好。

销售员不给顾客提供真正的意见，他也就得不到顾客的信任。本来可以成功的交易也变得没有可能了，而且更严重的是以后这位顾客的亲朋好友也不会成为这里的顾客了。

真诚是沟通成功的基石，也是赢得他人的信任的前提。缺乏真诚的沟通不但没有任何实际意义，而且还可能使你刚刚建立起来的人际关系网崩溃、瓦解。美国直销大王乔·坎多尔弗说："直销工作98%是感情的工作，2%是对产品的了解。"

财富感悟

想成为成功的人，就必须记住：不能见风就是雨，要辨别信息的真假，真诚地与他人沟通。

只有真诚地与他人沟通，才能获取他人的信任，从而取得商机。

第六篇

消费：钱越花越少，还是钱越花越多

省吃俭用，
还是该出手时就出手

普通人说："省吃俭用才能敛财。"

有理财观念的人说："不能花钱的人根本不能挣钱。"

有时候，我们经常会听到这样的说法："省省吧，过日子要精打细算。我们要学会一点一点地攒钱，这样日子才会一点一点地好起来。"这种话如果不假思索，听起来似乎很有道理，也有很多人会把这种想法理解成勤俭节约的美好品质。

然而，这种理解偏重在"节约"上，而不是在"勤俭"上。

大多数人的收入都是固定的，想要自己存折上的数字多一些，他们就只会精打细算，减少开支。他们把收入分成两个部分，想要一个多一些，只能减少另一个，他们的生活质量也就无法保证了。

而有理财观念的人不这么认为。想要剩余财富多，他们会考虑如何增加净收入，只有收入的量大了，才能保证生活和剩余两方面都增加，不用过得紧巴巴的。

普通人会为了几毛钱和菜贩子讲价半天，为了节约点钱宁愿花掉宝贵的时间。时间对他们来说没有什么价值，节约了几毛钱才是正道。

有理财观念的人在该花钱的时候绝对不会吝啬，因小失大的道理他们非常明白。

有理财观念的人该出手时就出手，遇到机遇随时抛出钱财。正因为如此，他们才能把握住更多的机遇。

思维致富：赚钱有道，花钱更要有理

　　能创造出财富的人才能称得上是有钱人，而真正的有钱人会赚钱，也会花钱，并且不会吝啬守财，也不会轻易奢侈浪费。虽然你家财万贯，但这不能代表你就是真正的有钱人。是否能把已有的钱充分合理地应用，才能区分出商人、企业家、慈善家。

好钢用在刀刃上，该花的钱一点儿也不吝啬

　　有理财观念的人即使是花一块钱，也会让这一块钱发挥100%的功效，绝不花冤枉钱。

　　李嘉诚的节约故事相信好多人都听过了。有一次他在停车时，不小心弄丢了一个1元的硬币。这时候旁边一位值班人员帮他把钱捡起来了，他什么也没说就给了这个人员100元钱作为感谢。用100元换来1元钱，常人看来这是多么搞笑的事情，但是李嘉诚的见解却不一样，他认为，如果不捡起这1元钱，那么这1元钱可能就被当作垃圾浪费掉了，不能发挥它应有的价值。而100元感谢费，是他为了感谢这个尽责的职员的，这个职员可以拿这100元去做他的事情，让这100元有了作用。

　　还有一次，李嘉诚了解到甘肃的教育事业急缺发展资金，就捐了3亿出来，他当时的感慨就是：其实钱不是问题，只要是用在实处，马上拿1亿都可以，但是不容许浪费任何一分。

　　通过这两件事情，我们就可以了解李嘉诚花钱的观念：办多少事就该花多少钱。再有钱，也不能浪费；再花钱，也要花到实处。

现代社会生活节奏加快，竞争加剧，患得患失的人越来越多，而从容不迫、保持平静心态的人却似乎是越来越少了，有时候人们对于要不要花钱也摇摆不定。

花了钱可不可以得到一定的效果才是确定钱该不该花的标准。一时吝啬，可能失去的将是巨大的机会和财富。像李嘉诚一样，花出去的钱都让它实实在在地发挥功效，为什么不做呢？

好钢用在刀刃上，敢于出手就能得到回报

当一个机会降临在你面前的时候，舍不舍得花钱，也许就决定了你的未来是不是富有的。

"塑胶大王"陈卓豪当年曾是个摆地摊的小生意人，和那些小摊贩一样靠着节省积累着自己的钱财。他有了一点儿积累之后就想着怎么才能赚得更多。在别人还继续做着小生意、想着节衣缩食的时候，他大胆地拿出所有的资金买了三台手工机械，开始了机械生产。

他的产品从卖给小摊开始。他在看到机会的时候总是舍得把自己的积蓄拿出来，他懂得该出手时就出手的道理。别人在舍不得拿自己的钱投资、只靠省吃俭用来积累钱财的时候，他则敢大胆地拿出钱来做自己的事业。

他的财产比别人攒得快得多，他有了自己的员工，有了自己的工程师，有了自己的公司。当然，他也有了很多的财富。

还是那句话，省吃俭用是普通人的做法，赚的钱肯定比攒的钱来得快。让自己的钱去赚钱，该花的时候就要花，该投资的时候就要投资。

财富感悟

省吃俭用节约不出一个亿万富翁来。

该花的钱一定要花，不要吝啬于一些小钱。

微信扫码

☑ 拓展视频　☑ 图文资讯
☑ 趣味测评　☑ 阅读分享

省就是赚，
还是赚总比省快

普通人说："就能挣这么多，省省吧。"

有理财观念的人说："相信我吧，赚钱远比省钱快。"

节省可以赚钱吗？

对于这个问题，人们的回答大多是："省点就是赚点，省越多就会赚越多。"

还有："我月收入5000元，我节省越多当然剩余越多。我月月光，当然是月月无。如果一月能省下3000元的话，一年下来，也剩余不少了。"

这就是普通人的想法，他们会在自己的收入固定的基础上，节衣缩食，减少开支。

你可以看到他们是如何煞费苦心地想怎么才能少用一些。

可是，有理财观念的人却有不同的想法："如果一个月节省2000元的话，拿这节余的钱去炒股，那么一年下来，得到的绝非36000元。"

普通人想的都是如何节省，其实不仅要节约，更重要的是要用节省的钱去赚钱。普通人舍不得钱，因为他们本来收入就少，怕一时的投资失败将会使自己的生活没有着落。他们胆小、害怕冒险，即使他们愿意把钱拿出来做生意，也只是做一些小生意，就算失败了也无关痛痒，不赚但是也不会赔多少。

有理财观念的人的出发点高得多，他们就是要做大生意，做大了才

能万本万利。小打小闹的生意只是一些基础的积累而已，等有了一定的基础后，就一定要扩大。

可见有理财观念的人一直就有赚钱意识，他们想的是如何让自己的财富增加，并且越多越好。只有这样才能不断提升自己的生活质量。

他们会在一件有潜力的事情上大量投资，甚至花掉自己所有的积蓄也在所不辞。

显而易见，哪种方式才是真正的赚钱，哪种方式才能让你生活得更好？你又愿意选择哪种思考方式呢？

要记住：节衣缩食只是在降低你的生活质量，你的口袋不会增加更多的宝贝。但是赚钱就可以快速地让你的口袋丰富起来。

"努力工作多赚钱，开辟财源赢大钱"，这才是致富的正道，才是幸福生活的真谛。因为只靠节省不可能致富，赚钱也比省钱的效果好得多。

省钱更要生钱

有这样一个故事：现在采矿的人很多，大家都想赚更多的钱。有两个矿主，他们分别雇用了一批矿工，只是两个人给矿工的待遇不尽相同。有一个矿主想从矿工这里节约一些钱财，于是给的工资很微薄，矿工们只够养家糊口；另一个矿主很大方，给的工资很高，矿工们除了吃饭外还能做很多其他的事情。几年下来，第一个矿主积累了不少钱财，第二个矿主开了另外一些副业，吸引了更多的人去消费。结果当然是第二个人赚得更多，而且大家对第二个矿主的评价也很高，矿工在他那里生活得也更好。攒出来的钱毕竟是少数，赚出来的才是多数。

真正有理财观念的人不靠省来生财，研究如何生钱才是生财之道。

节省是正确的，但是赚钱会更快地让你的腰包鼓起来。只要你有的赚，就会比你以前拥有的多。

赚得多才能剩得多

如今，人们总体的收入高了，相对应的支出项目也越来越多，也就是说收入高消费也高。人们每个月的工资至少可以划分为两部分，第一是必需的支出，第二才是节余。如果你的第一项就把钱用完了或者根本就不够用了，那么你的第二项就无从谈起了。所以，你的第一项里面包括生活费、车费、房费、休闲娱乐等的开支，必须尽量节省才能给你的第二项余下来一点。作为拿工资的一族，这种节约可是积累财富的唯一途径，涨工资、发奖金毕竟不是每天都能够遇到的事情。普通人通过减少消费，减少必须花掉中的一部分，节衣缩食，少出去吃几顿，少买一些化妆品，房子装修尽量少花钱，反正就是节省一点点，积累一点点，以备不时之需。

那你节约下来的钱又打算怎么用呢？当你有点节余的时候，把它存起来，吃点银行的利息，可惜银行的利率很低，还不断地通货膨胀，最后钱也贬值了。就像一位老同志的感悟，他以前为了节约一点钱，每天都会少坐两站地的公车，这样每天就能节约4分钱。可是长久算下来，他根本就没有节约下来多少，还花费掉自己那么多时间，用这些时间来做一些想做的事情，说不定会产生更大的价值。

钱是赚出来的。没有开源，节流又从何谈起呢？现在的社会提倡刺激消费，省钱吃亏的还是自己。因为钱不会越省越多，再省也要花，所以赚钱是第一位的。

财富感悟

想成为有钱人，就必须记住：抓住机会赚钱远远胜过自己辛苦攒钱。

挣的绝对比攒的多，适当节流有助于开源。

买不起，
还是想怎样才买得起

普通人说："这个东西我实在太喜欢了，可是买不起，穷啊。"

有理财观念的人说："这个东西我实在太喜欢了，虽然现在买不起，怎么样才能买得起呢？"

光怪陆离的商品世界中，充斥着我们的欲望。我们都想得到更多的东西、更好的东西。明天对于我们而言，意味着新的、更好的东西和新鲜的感觉。

拥有更多更好的东西，就是我们竞争的目的。在这个世界上，坐在物品旁边嗟叹无奈的只是普通人，普通人也非常擅长安慰自己，"这些东西天生不是自己享受的"，"人应该知足常乐"。这些都是普通人为自己买不起所找的理由。人生短暂，享受了之后，最后还是什么也带不走的，何苦为难自己呢？这种思维，表面上是超脱尘世的，可是究其本质还是因为这种人站在普通人的队伍里。

普通人喜欢上一个东西，会摸摸自己口袋里的钱，嗟叹钱袋的干瘪。

他们学会了随时控制自己的欲望，只是因为没有钱。

他们慢慢放弃了物质的享受，渐渐放弃了奋斗的决心。

而有理财观念的人，则是思考如何才能拥有自己想要的东西。

"我一定要买到海边的别墅""我应该先去这样投资""奋斗两年

后，我一定要买那辆车"，这是有理财观念的人站在想要的东西旁边的计划。

他们也喜欢看自己想要的东西，也会叹息现在的不足。不过他们更多的时候在想着怎样才能买得起它，怎样去赚够钱来实现自己的欲望。

一种是低调的与世无争的想法，另一种是思路清晰、努力争取的想法。这两种不同的思路导致了后来的结果有天壤之别。普通人看到的永远是眼前的锅碗瓢勺、寸金寸银，他们会不断地安慰自己，常常嗟叹，甚至抱怨出身及所处的环境，认为自己天生如此，不可改变。

而有理财观念的人总会想尽办法得到自己想要的东西。而在努力奋斗的过程中，无论遇到多少艰难困苦，他们都会保持大脑清晰，清楚自己的计划和目标，并坚持下去。

不一样的思维、不一样的看法决定了他们将选择不一样的路程，结果当然完全不同。

这些想法把普通人和有理财观念的人区别开来，这也从根本上决定了他们命运的不同。

思维致富：努力奋斗，让自己买得起

我们想要的很多，在"想"的时候，如何思考是关键中的关键。不要以为你现在买不起就甘心放弃，要勇于奋斗努力，让自己买得起。

奋斗努力，让曾经的买不起成为动力

世上的物品太多，人们的需求也越来越高，看着昂贵的物品，你不一定有足够的支付能力。这个时候不要叹息，不要放弃，你要庆幸你找

到了你想要的东西，让它成为你奋斗的短期目标。

买不起只是暂时的，立志从什么时候开始都不晚。

有一个小男孩，他的父亲是位马术师，他从小就必须跟着父亲东奔西跑，他们经常一个马厩接着一个马厩、一个农场接着一个农场地去训练马匹。由于经常四处奔波，男孩的求学过程并不顺利。他们没有属于自己的农场，没有属于自己的房子，但是男孩一直想要的就是一座大房子。

男孩上初中时，有一次老师叫全班同学写作文，题目是"自己的梦想"。

那个男孩洋洋洒洒写了7张纸，描述了他的伟大梦想，那就是拥有一座属于自己的牧马农场，他还仔细地画了一张农场的设计图，上面标有马厩、跑道等的位置，然后在这个农场的中央，他还想建造一栋占地400平方英尺的大房子。

他花了很大心血把作文完成，第二天交给了老师。两天后他拿回了自己的作文，只见第一页上写了一个又红又大的F，旁边还写了一行字：下课后来见我。

脑中充满幻想的他下课后带了作文去找老师："为什么给我不及格？"

老师回答道："你小小年纪，不要老做白日梦。你没钱、没能力，什么都没有。盖座农场可是个大工程，你要花钱买地、花钱买纯种马匹、花钱照顾它们。这对于你来说太不现实了，如果你肯重写一个比较容易实现的梦想，我会给你打你想要的分数。"

再三考虑后，他决定原稿交回，一个字都不改，因为他坚信自己有一天一定可以买得起这些东西。

他的理想一直都存在于他的脑海中，他一直以此为目标，并为之艰苦奋斗。

20多年以后，这位老师带领他的30个学生来到那个曾被他指责的男孩的农场露营一星期。这个当年的男孩不仅有了农场、大房子，还有了无数当年想都没想过的东西。

有了买不起的目标，就有了买得起的动力，化压力为动力，不断努力，才有可能实现目标。

财富感悟

想成为有钱人，就必须记住：永远不要想买不起，时刻思考如何买得起。

分分秒秒让欲望和目标为你带路，时时刻刻紧跟目标获取智慧和力量。

涨工资就扩大支出，还是多了收入就扩大投资

普通人："工资涨了，每个月可以不那么拮据了。"

有理财观念的人："收入多了，要尽快找机会投资啊。"

假如有一天你有了钱，你会怎么做？

是不是要"报复"欺压你已久的老板，马上炒他的鱿鱼？

再接着买一堆高级奢侈品，满足自己曾经的奢望？

还是有着与这些不一样的想法，想要把这些钱作为赚钱的基础？

想象一下，假如你有钱了，你会立刻干什么？你会选择什么样的方式生活下去？

有人会说，有了钱，首先把家人都安排到他们想去的地方住，买房买车，和家人周游世界，然后去学很多自己感兴趣的东西。也有人会说，如果有了钱，就买套别墅，让自己拥有一个可以藏书10万册的书房；要养几条自己喜欢的猛犬：中亚牧羊犬、高加索犬、藏獒等；和几个知心朋友经常一起喝茶、聊天，有了钱后，既不会捐款，也不会去工作。

这种日子，实在是享受。

再来看看有理财观念的人的想法吧：有了钱，他们只有扩大投资，心里才会安稳。

让我们来了解一下有理财观念的人是怎么利用他们增加的收入的。

一位自己创业的女大学生，刚开始帮着别人做凉茶的生意。虽然赚

得不多，但好歹旱涝保收。毕业以后，她就开始用自己的钱开了一家小店，凭自己的经验配凉茶。由于她的态度好，做的凉茶味道好，因此生意也特别好。不久之后她就算是同学中的有理财观念的人了，但是她没有立即改善自己的物质生活，而是开始投资另一家凉茶店。她说她的理想就是有钱了开凉茶连锁店，然后再开凉茶饮品公司。

这才是一种更高的追求，只有扩大投资才能换来更多的财富。所谓天外有天，人外有人，有一点钱就开始停滞不前了，你将无法到达另外一个顶峰，看到更好的风景。

思维致富：学会不停地投资，才能不停地提高收入

财富都是一点一点积累起来的，没有最初的投资和后来的投资、投资、再投资，财富是不会聚集起来的。有理财观念的人和普通人的起点很多都是一样的，不同的是：普通人涨了工资，提高了生活质量、享受

了更好的生活；而有理财观念的人却谨慎小心地收起钱财，用作投资。

保持理性，扩大收入进行再投资

有一个学生很有抱负，也很有能力，毕业后他先在一家大企业做了半年的技术指导，又创立了自己的公司。众所周知，在北京生活是很难的，大多数人的理想就是慢慢地赚上一套房子、一部车子。这个学生的公司一年之后赚了不少钱，有人问他是不是该买房子了，没想到他说道："现在买房做什么，我现在有住的地方就足够了，还这么年轻就开始享受生活，以后我就没有动力做事情了。我现在赚的钱还不够多，我得拿它来继续投资，买房买车的事情以后再说吧。"

他有这样的眼光很不易，创业的事情好多人都在做，但是赚了钱之后能够克制自己，不去扩大自己的支出的人却不多。你一定也有收入扩大的时候吧，想想以前的你都把这些扩大的收入用来做什么了。检讨一下自己是不是不够理性，是不是没有为长远的利益做好打算。只有保持理性，在扩大收入后多投资，才能获得更多的收入。

财富感悟

想成为有钱人，就必须记住：保持理性，暂时不扩大自己的支出。不停地投资，是积累财富的最好方式。

买得便宜用得费，
还是买得贵用得便宜

普通人："买了个便宜的，随便用用吧，反正不贵。"

有理财观念的人："名牌买着贵，用着并不费。"

看看上面两句话，代表了截然相反的想法与做法。不一样的消费观念产生不一样的结果。

事实确实如此，你会看见很多人在买东西的时候挑选的标准不一样，普通人喜欢挑便宜的，他们觉得这样划算，何况自己的钱也不多，没必要那么奢侈。

有理财观念的人不一样，他们喜欢挑那些质量好的、上档次的东西，不管是不是很贵。

而你同时也可以看到大多数的普通人是如何奢侈地使用自己的便宜东西的。

他们认为，反正便宜嘛，也不用去刻意爱护它，随便怎么用都可以，大不了再买一个，又花不了多少钱。

有理财观念的人则非常爱惜自己的物品，他们买回任何一个物品后，都小心翼翼地使用，用完都必定会仔细保护，让它的功效发挥得更久。

有两个学生，来自不一样的家庭，有着不一样的理念。张欣喜欢逛小店，买几十块钱的鞋子，回来后不管下雨还是天晴都穿着，平时也不保护一下，鞋子没多久就坏了，他把鞋子修一修，继续穿。所以他经常穿着破旧的鞋子，而且一年还要买上好几次。而李响则不同，他买质量好的鞋子，价格虽然挺贵，但是他知道爱惜，平时把鞋子擦得干干净净，穿的时候也很爱惜，他的鞋子可以穿很久，而且看起来都很好。

算下来倒是李响更划算。所谓一分钱一分货，便宜的物品质量本来就不够好，用的人还觉得反正便宜，不知道爱惜，当然也就坏得更快，第二次消费也就来得更快，这倒是迎合了卖家的心意。

事实上，这种节约是在变相浪费，而这样的"奢侈"实际上却是真正的节约。

每个人拥有多少财富是由很多的因素决定的，学习有理财观念的人的时候，不要老去想他究竟有多少钱，而要观察他生活上的细节、生活上的点滴，学习他的一些可取之处。

成功人士都是懂得如何真正珍惜金钱的人。

思维致富：一次花大价钱，平均起来更划算

很多人可能会认为有理财观念的人的生活很奢侈，认为他们花钱大手大脚，但事实并非如此，节俭乃是有理财观念的人的本性。有理财观念的人花钱具有明确的目的性和计划性，该花的就花，不该花的则一分也不会浪费。有时候普通人人看到有理财观念的人的大手笔，觉得他们很傻，可事实上，从长远来看，有理财观念的人没有白花一分钱。

一次投入，获得长久的利益

有理财观念的人花钱都是大手大脚的，普通人平时总舍不得花钱，喜欢节约。这是一般人的感觉。的确，在一次性的绝对花费中，也许有理财观念的人的确花得多，但是有理财观念的人的节约却是隐形的。

普通人的弱点就是看不到长远的利益，他们总为眼前的小利益而决定怎么去做。就像生病的时候，普通人喜欢随便拖一拖、买点药，但当病情更加严重的时候，他们就要花掉更多的钱了。而有理财观念的人知道身体的重要性，他们好好保养，及时治疗，总是到最后花得最少，过得最好。

有两家生产饲料的工厂刚建起来，都需要购买设备，但是他们已经没有多少剩余资金了，于是其中一家选用了一些便宜的设备，而另一家用了全部剩余的资金购买了先进的设备投入使用。

前期，这两家工厂的差距还不大，可是渐渐的，买便宜设备的那家工厂的工人觉得设备不怎么样，就使劲地用，希望能增大生产量；另一家就不同了，他们要求工人按要求操作，及时检修设备。结果，第一家的设备维修费用不仅很大，而且设备用了没几年就不行了，产量也不如另一家。到这个时候，第一家公司才想着要重新更换好的设备，可是市场已经被别人占领了。

不要吝啬你手中的金钱，一次正确的投入，也许会给你带来长久的利益。

对自己的东西也要学着爱护，这样才能物尽其用，才能让你的物品发挥它的功效，给你创造巨大的财富。

财富感悟

想成为有钱人，就必须记住：要买质量好的东西，不要贪便宜。爱惜自己的财物，使它用得更久。

微信扫码
☑拓展视频 ☑图文资讯
☑趣味测评 ☑阅读分享

第七篇
　　心态：相信命运，还是相信自己

以知足常乐自慰，
还是不掩饰对金钱的追求

普通人："这样我就很知足了！"

有理财观念的人："我的目标是下一个100万！"

很多人和普通人都爱说的一句话就是："唉！没办法，我就是这样的人。"但是这句话从不同人的嘴巴里说出来却具有不一样的意思。普通人觉得自己没有什么大的理想和抱负，过简单的生活才适合自己，要不然就是失去自我了，其实他们是在安慰自己。他们看别人发财的时候也想要发财，但是一旦到真正要做事情的时候，他们就开始退缩了。要奋斗就不能过以前的清闲日子了，不能再睡懒觉了，要起早贪黑，要劳心劳力，一切都得自己负责。于是他们通常会这样说："我这人，没别人那么有追求，就这样了。"

而有理财观念的人说这句话的时候就不一样了，洛克菲勒曾经就说过这样的话，不过他说的是："假如我忽然倾家荡产了，把我身无分文地扔在沙漠里，只要有骆驼商队路过，我加入进去，用不了几年，我又是一个百万富翁。——没办法，我就是这样的人。"

普通人内心深处也想过一种富足的生活，但他们懒得去努力，只好以知足常乐来宽慰自己。

有理财观念的人就不一样了，他们不甘于一辈子贫穷，他们毫不掩饰自己对金钱的追求，他们想尽一切办法去挣更多的钱。

思维致富：丢掉安于现状的心态，将野心付诸实践

如果仅仅满足于现状，是不会真正有所成就的。只有不断地突破现实，向更高、更远的目标迈进，你才会成为一个有理财观念的人。

丢掉轻易满足现状的心态

一天，约翰开车去拜访一位图书销售代理商。谈完生意后，他决定故地重游，去拜访自己曾经工作过的地方——一家船舶公司。令他感到意外的是，他在那里遇见了多年前与自己一起工作的一位同事，这个人

仍旧在船舶公司工作。他们回忆起以前的时光，这位同事问约翰这些年都在做些什么。约翰说自己做过不同的生意，还写了几本书，并且打算把几本书送给他。

"如果你打算送我书，还不如送给我一箱啤酒或者饮料，我天生就是干体力活的命，哪有闲心读什么书？"其他的同事也随声附和，有的还大笑起来。很明显，在他们的眼里，一箱啤酒的魅力要远胜于一本书。而且他们对目前的处境感到满足，没有一丝改变现状的想法。

那么，命运到底给了他们什么呢？10年前，他的那位同事每天需要干8个小时的体力活，一年能赚1万多美元；10年后的今天，他一年也赚不到2万美元。而约翰，已经从10年前的一年1万美元发展到现在有时一天都能赚到这个数字了。其实，他们并没有什么太大差别。唯一的差别恐怕就是他们的信念不同，约翰不愿意相信自己天生就是卖苦力的命，而那位同事则相信了他所认同的命运。

普通人很容易满足，只要一点点的安慰就会很幸福。财富的起点本来相同，就是每个人都有最初的愿望，但有理财观念的人不论发生什么都小心翼翼地守护着它，而普通人的愿望一不小心就碎了。普通人没有继续寻找另一个愿望，反而欣喜于一身轻松。如果你至今还没有意识到"我为什么贫穷"，那就注定是普通人。

好多老一辈的人在年轻人面前总会说："只要安稳地过一辈子就好，只要过得去就行了，不必赚太多的钱。"听多了这些话，你可能就会打消自己的斗志，一辈子不打算赚大钱了。你要勇于去改变现状，改变现在那种无聊的生活。有了这样的想法，你也就有了最好的赚钱动机。

树立一个充满野心的目标

如果你是一个靠拿工资过活的人，每天都过着朝九晚五的生活，收入中等，每个月的工资可能刚好够你的衣食住行；如果你满足了自己的衣食住行，那么你就不能有更好的生活了。如果不安于现状，那么你就会想办法使你的收入成倍增长。假如你已经如愿以偿，让每个月的收入多了很多，然而，这又能如何呢？除了日子比以前好过一点之外，你仍无法让一家人过得更舒适。你怎么能不为此感到悲哀呢？此时的你该怎么办呢？如果你意识到了这一点，并产生了再赚更多的钱的想法，你就要制订更高的目标了。

这就像跳远，如果你把目标定位于满分线，那么你也许仅仅能够跳过及格线；如果你把目标定得更远一些，那么你就可能到达满分线。缺乏野心是一种很可怕的缺点，一个人没有了野心，就会很容易满足。普通人所追求的只是一种平淡、闲适的生活，有的甚至只求满足温饱，这就注定了他们一辈子成为不了有理财观念的人。因为他们的目标就是普通人，他们就想做一个普通人，不想做有理财观念的人的人怎么会成为有理财观念的人呢？当他们拥有了最基本的物质生活保障时，就会停滞不前，不思进取，得过且过。没有野心令他们贫穷。

拿破仑有句名言："不想做将军的士兵不是好兵。"他在军事院校读书的时候，就有很大的抱负，他当时的理想就是要统帅军队吞并整个欧洲。他为了这一目标，在学校的时候就对自己要求很严格，最终以最好的成绩做了名炮兵，开始了他的霸业之路。

很多成功人士都毫不掩饰地告诉大家，野心是向上的良药，是很多奇迹产生的根本动力；有些人之所以贫穷就是因为他们根本就没有向上的野心。

财富感悟

要想成为有钱人，就要不安于现状。

树立赚钱的目标，然后将它化为实际行动。

微信扫码

☑拓展视频　☑图文资讯
☑趣味测评　☑阅读分享

满眼障碍，还是满眼机遇

普通人："这事太难了，我做不来。"

有理财观念的人："机会是要靠自己争取的。"

当有钱人正在关注机会，做好一切准备迎接机会，甚至自己创造机会的时候，普通人在干什么呢？他们在等待机会的到来，等待机会成为有钱人。在等待的时候，普通人看见别人取得成功，自己却仍未起步，就会有以下反应：

"论条件，他不比我好，这有什么了不起？他只是得到一个合适的机会罢了。如果我也有一个机会……"

"博学多才有什么用？世界就是这样不公平，平平庸庸的反而会取得成功。"

"他没有什么了不起，只因为有个富有的父亲罢了！"

"他哪里有真才实学？靠阿谀奉承罢了！"

对于普通人而言，即使机会出现了，他们往往也会让机会从身边溜走。因为机会毕竟不是好运气，不是天上掉下来的馅饼。机会仅仅为普通人提供了成为有钱人的有利条件，并不会自动地转化为钞票，塞到普通人手里。普通人即使认识到了机会，也不会立刻全力以赴去利用这个机会。他们往往会首先将目光集中到各种各样的障碍上。

在普通人眼里，总是有那么多的困难，总是问题多于办法。他们不知道该怎样做，总是抱怨别人怎么有那么多的机会，而自己却没有。而事实上，不是上天不公平，是上天明明给普通人机会了，普通人却总是错过了。

在今天的社会里，很多人都愿意相信只要有个好职业、努力工作，然后慢慢往上爬，最终能安享退休生活。事实上，要过衣食无忧的小康生活，也许并不困难。普通的工薪阶层，也能做到这一点。但要成为真正的有钱人就不那么容易了。这需要机会，每个人的一生中都会有致富的机会，这样的机会也许很难出现，但你只要能掌握一次，全力投入，便有成功的可能。一个人要创业致富不但要勤奋、敬业，认准目标锲而不舍，还要找到并抓住一个好机会。

思维致富：生活没有障碍，机会无处不在

机遇总是偏爱有准备的人。只要随时准备着，机会就会来到我们身边。如果你还有什么借口，就说明你不想抓住这个机会。

不要放弃万分之一的机会

"不放弃任何一个哪怕只有万分之一可能的机会。"这是著名企业家甘布士的经验之谈。甘布士是一个执着的人，他只要看到了一丝曙光就不会放弃，无论是在做人上还是在做生意上都是这样。

有一次，他要搭火车去外地，但事先没有买好车票。当时是圣诞前夕，许多人都要出去，火车票几乎是买不到了。但他还是想试试看，于是他把所有的可能都先考虑了一下。他首先打电话到车站，得知全部车票已经卖完。不过，售票员告诉他可以到车站碰碰运气，看是否有人临时退票。甘布士欣然提了行李赶到车站，耐心等待。就在火车还有5分钟就要开时，一个女人因为家里有急事匆忙来退票。于是甘布士如愿以偿地搭上了火车。

甘布士很高兴自己抓住了万分之一的机会。在商业上他也是这样的人，他就是靠着这样的精神，终于在芸芸众生中脱颖而出，从一家织造厂的小技师，成为拥有五家百货商店的老板，后来又成为企业界举足轻重的人物。

在通往成功的道路上，处处都存在着可能被错过的良机。如果我们像甘布士那样善于把握机会，哪怕是万分之一的机会也不放弃，并且努力去奋斗，就一定能实现自己的财富目标。

随时做好准备把握机会

有个人，带着袋子、弹药、猎枪和猎狗出发去打猎。虽然别人劝他在出门之前把弹药装在枪筒里，但他还是带着空枪走了，还理直气壮地说："我到达那里得要一个钟头，哪怕我要装100回子弹，也有的是时间。"但他还没有走出多远，就发现一群水鸟浮在水面上，在这种情况下，普通的猎人一枪也能打中几只。如果他出发时在枪筒内装好了子弹的话，打中的野鸭足够他吃上几天。可惜他没有准备！就在他匆匆忙忙地装子弹时，野鸭叫着全部飞起来，很快就消失了。此后，他到处搜索，却连一只麻雀也没有见到。一场大雨又将他淋成了落汤鸡，最后，普通人一无所获，只好拖着疲乏的脚步回家了。

在一生中，我们如果没有及时抓住某些良机，以后就可能永远没有了。机会有可能降临到每个人的身上，但是，当机会发现你并不准备接待它的时候，它就会悄悄溜走了。

财富感悟

想成为有钱人，就必须做好迎接机会的准备，努力抓住每一个机会。

只有做好充足的准备，才能得到机遇的青睐。

前怕狼后怕虎，
还是认准了就去干

普通人："万一要是失败了，怎么办？"

有理财观念的人："认准的事我就一定要去做！"

假如一个普通人有一个很好的投资项目，是一个好的致富机会，但是他会有很多犹豫：要投资首先需要资金，如果自己手里没有钱，还需要寻找融资的渠道，是去亲朋好友那里借，还是到银行贷款？如果到银行贷款，还需要有人提供担保。这些在普通人那里全是障碍。但普通人的问题还远不止这些。万一投资失败，损失很多钱该怎么办？如果是自己的钱，自认倒霉就行了；如果是借别人的钱，还要想方设法偿还；如果是向银行贷款，麻烦就更多了，还不上钱，法院会来强制执行，当初的担保人还要负连带责任，这些又让普通人无法安心。

所以，当有钱人开始投资的时候，普通人在一旁想着投资失败的事情；等有钱人赚了个盆满钵盈，普通人在懊悔的同时，还念念不忘：万一投资失败了，该怎么办？

每一个有钱人，都是认准自己要做的事情后，然后一步步去实施的。优柔寡断的人是不会取得成功的，只有果断地做出决定，找准方向去实施的人，才能获得成功。

自己认定的事，就要拿定主意去做。找好奋斗的方向，把全部精力都集中在这件事情上面，不管遇到怎样的困难，都要坚持下去，成功一定会属于你。

果断地做出决策，才能抓住机会

对于命运与财富，人们总有各种各样的说法。然而，不能否认的是，有些时候，命运往往对待每个人都是公平的。只是当赚钱的机遇出现在面前时，有的人迟疑了、犹豫了，结果与机遇擦肩而过；而有的人却能主动上前，大胆行动，于是便赢得了财富。你可以说这是偶然，但你又怎能说这不是一种必然呢？

优柔寡断成就不了大事，这是华裔电脑名人——王安博士的深刻体会。他6岁的时候，风雨交加的一天，他发现一个鸟巢被风从树上吹掉

在地上，里边滚出来了一只嗷嗷待哺的小麻雀。看着可怜的麻雀，王安决定把它带回家喂养。当他托着鸟巢走到家门口时，忽然想起妈妈说过不让他在家里养小动物。于是，他轻轻地把小麻雀放在门口，急忙进门去请求妈妈。在他的苦苦哀求下，妈妈终于破例答应了。等到他兴奋地跑到门口时，却发现小麻雀不见了。不远处，一只黑猫正在津津有味地舔着嘴巴。

他为此伤心了很久。长大后回忆起来，他对此依然印象深刻，他认为：只要是自己认定的事情，绝不可优柔寡断。

犹豫不决往往会让你定不下来要做的事情，这样就会失去许多机遇，你的成功与否往往就在那一刹那间注定了。

将事情进行到底，才会实现梦想

有这样一个传说：上帝对自己的子女都是善良的，他不忍心让他们过得不好，于是在造出每个人的时候都为他指出了一条成功的道路，但还是有很多人并没有成功。因此当他们再次见到上帝的时候，觉得自己被欺骗了，上帝让他们回头看看自己走的道路，其实很多的道路都是通向成功的，但是一到关键时刻他们又改变了自己的道路，因而一辈子都在岔道上走。

认准的路就应该走下去，看到了希望就不要随便放弃。如果遇到困难就放弃原来的选择，这样怎么能够成功呢？

著名的哲学家柏拉图曾经是苏格拉底的学生，他就是靠坚持不懈的精神成就自己的伟大的！

开学的第一天，老师苏格拉底对学生们说："今天我们只做一件事，那就是每个人都尽量把胳臂往前甩，然后再往后甩。"说着，他做了一遍示范，并微笑着对大家说："从今天开始，每天做300下，大家能做到吗？"学生们都笑了，心想：这么简单的事情，有谁做不到呢？

一年之后，当苏格拉底再问那些信誓旦旦的学生时，全班却只有一个学生坚持了下来，这个学生不是别人，就是柏拉图。

一件很简单的事情都不能坚持下来，那么你还能坚持什么呢？

财富感悟

·想成为有钱人，就必须记住：任何事情都要果断地做出决定，不可犹豫不决。

先找到前进的方向，然后坚持下去，你就能取得成功。

在困难面前投降，
还是在困难面前从来都保持坚强

普通人："这件事太难办了，我做不了！"

有理财观念的人："困难来了，要坚强面对！"

鲁迅说过："什么是路？就是从没路的地方践踏出来的，从只有荆棘的地方开辟出来的。"路是人们走出来的，在荆棘面前的态度往往决定了你的前途，退缩的人肯定开辟不出路来。

有一句话说得很好："生活像弹簧，你强它就弱，你弱它就强。"你不坚强，就会被困难击败，你将永远穷困。

普通人总会觉得生活已经到了尽头，不是自己不努力，实在是没有任何办法可以解决眼前的困难。

在普通人眼里困难总是那么多，你总会听到他们说：

"这该怎么办啊？"

"谁能帮帮我呢？"

而在有理财观念的人眼里，永远没有困难。

不是普通人困难多、有理财观念的人困难少，而是二者面对困难的心态不同。

普通人遇到困难不是去想该怎样解决，他们所想的是，为什么老天总是给他们那么多困难，为什么别人的困难那么少？老天太不公平了。而实际上，是他们太容易在困难面前投降了。

有理财观念的人则迥然不同。他们遇到困难，总是千方百计地想办法去解决，总是能坚强地面对，从不放弃一丝希望。因为他们知道只有做别人做不了的事，才有可能比别人赚更多的钱。

思维致富：坚强面对困难才会创造财富

每个人都会遇到很多困难，只有坚强地面对困难，不轻易对困难妥协，保持积极的心态与困难斗争，才会跨过一道道难关，看到光明，才会创造出财富。

积极的心态是事业的推动力

在遇到困难的时候，人都是很容易走回头路的。当遇到困难了，你心里是想着："算了，看来我是不能继续下去了，干脆放弃好了。"

困难

还是坚信自己一定能成功，一定可以，一定有办法的积极信念？只要你学会这样鼓励自己，你就能找到解决问题的办法，不断克服困难，不断前进。

爱迪生研制白炽灯泡的时候，先是用碳化物质做试验，失败后又以金属铂与铱高熔点合金做灯丝试验，还做过上质矿石和矿苗共1600种不同的试验，结果都失败了。他的试验笔记簿多达200本，共计4万余页。在大约3年的时间里，他每天都工作十八九个小时。有时他一天仅在凳子上睡三四次，每次只睡半小时。

直到有一天，他把试验室里的一把芭蕉扇边上系着的一条竹丝撕成了细丝，经碳化后做成一根灯丝，结果这一次比以前做的种种试验的效果都好。这便是爱迪生最早发明的白炽电灯——竹丝电灯。

虽然爱迪生的试验失败了几千次，但他从不退缩，最终成功地发明了照亮世界的电灯。

只要你能以一种积极的心态去寻找解决问题的方法，你就可能成就自己的事业，你的信心将是你的最大的助手。相反，如果你是一个消极的人，你就只会消极地做事情，你的内心只有恐惧和挫败感，你也永远不会成功。

只有一直保持积极的心态，面对困难不气馁，你才可能实现目标，才有可能成为一个有理财观念的人。

财富感悟

想成为有钱人，就必须坚强地面对困难。

保持一种积极的心态，然后将困难一个个解决。

抱怨命运，
还是通过改变自身去改变命运

普通人："命运太不公平了！"

有理财观念的人："让自己变强然后去改变命运！"

普通人总是用普通人的眼光看世界，用普通人的心理揣摩世界上的人。他认为他生来世界就对他不公平：没有给他良好的发展基础，没有给他太多的发展机遇，没有给他施展才华的舞台。

普通人总是对自己所处的环境满腹牢骚，怨天尤人。在他的眼里、心里就没有什么"可行"之事，他总认为自己是天底下最倒霉的人。他一直认为自己能富甲天下，可是上帝却让他一贫如洗。

普通人用悲观消极的心态审视自己的未来道路，他被一时的困难遮住视线，看不到自己发展的道路，不肯向前走一步。他对时代、对人生、对自己都充满了怀疑，在愤怒和绝望中白白浪费自己的时间和精力。他总是抱怨自己的麻烦太多，但他不知道，没有麻烦的人是他们已经把麻烦解决掉了。普通人有理由抱怨一辈子，但是等待他的只能是失败和不幸。

普通人抱怨新工作如何辛苦，如何少干才不会伤到身体；而有理财观念的人们赚了一笔钱后，又在考虑下一个商业机会，好多人最怕没事可干。

普通人总在抱怨自己受到不公平的待遇；有理财观念的人们靠自己的勤劳和智慧去改变自己的命运，不怨天尤人。

普通人整天抱怨不是自己不努力，是自己的机会太少，他们从来不从自己身上找问题，从来不去想是不是应该改变自己。

有理财观念的人不论身处什么样的境遇，都会保持积极向上的心态，用实际行动去改变自己的命运。

有理财观念的人胸怀大志，希望改变个人，甚至社会的命运，让大家获得更好地享受。只要能够更好，他们随时都会改变。他们珍惜未来，因此看准机会，致力改变。他们勇于改变自身去改变命运，因为有拼搏，才可能开创新局。

思维致富：与其抱怨，不如努力改变

整天抱怨除了徒增苦恼、蹉跎时间之外，根本解决不了任何问题。想一想怎么样去改变才是最重要的。不断学习武装自己，然后积极行动起来，才能改变命运。

扳转命运：你挑战你成功

犹太民族是一个智慧的民族，犹太人被称为世界第一商人，他们认为，对待事情的心态不同，结果也会不一样。有这样一个故事：有三只青蛙掉进了鲜奶桶中，第一只青蛙说："这是神的意志。"于是，它盘起后腿，一动不动，静静地等待着。第二只青蛙说："这桶太深，没有希望出去了。"于是，它在绝望中慢慢死去。第三只青蛙说："尽管掉到鲜奶桶里，可我的后腿还能动。"于是，它奋力地往上跳起来。它一边在奶里划，一边尝试往上跳。慢慢地，它觉得自己的后腿碰上了硬硬的东西，原来鲜奶在青蛙后腿的搅拌下，渐渐地变成奶油了。凭着奶油的支撑，第三只青蛙跳出了鲜奶桶。

如果可以类比的话，那么，上面这个寓言中的第三只青蛙就代表了成功的人，而剩下的两只青蛙则是普通人的象征。

纵观犹太人颠沛流离的历史，支撑他们的正是这种乐观的精神。可以说，犹太民族就是因为有了这种乐观的精神，心中充满希望，才能生存下来。对于犹太人来说，勇气和希望深深地埋藏在他们的心底，任何人都无法夺去。所以，他们一直乐观向上，即使身处世间罕见的苦难中也坚信：命运掌握在自己手中。

是自己去创造自己的生活，还是相信命运的安排，实际上代表了

对生活的两种不同信念，一种是积极的信念，一种是消极的信念。一个人如果始终坚持积极的信念，他就会始终将自己设想为一个成功者。具体到赚钱上来，他会设想自己是一个有钱人，或者最终会成为一个有钱人，并且会满怀信心地为了这一目标而发愤努力。

财富感悟

想成为有钱人，首先就要有成功的欲望，然后永远保持一种积极的心态，敢于挑战自我，赢得成功。

图文资讯

拓展书籍内容，开阔阅读视野。

拓展视频

观看在线视频，激发阅读兴趣。

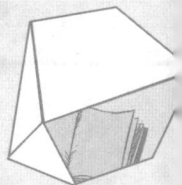

阅读分享

分享阅读心得，碰撞思维火花。

趣味测评

测评阅读习惯，获取阅读建议。

扫码进入 线上

阅读空间

ONLINE READING SPACE

让知识照耀人生